G. CAPARROS

Guide de calcul

HACHETTE
Éducation

AVANT-PROPOS

Ce livre rappelle les notions élémentaires en mathématiques. Il est destiné à tous ceux (élèves du cours moyen, des collèges, des LEP, adultes préparant un concours administratif) qui veulent vérifier ou acquérir les connaissances de base en arithmétique, en algèbre, en géométrie et en statistiques.

Dans chaque chapitre, outre le rappel des **définitions essentielles,** on trouvera de nombreux **exemples de calculs** ou de problèmes simples et concrets. Un **index thématique** détaillé, placé en fin d'ouvrage, permet de repérer facilement la notion ou la définition cherchée.

ISBN 2.01.011957.6

SOMMAIRE

ARITHMÉTIQUE - ALGÈBRE

GÉOMÉTRIE - MESURES

ANNEXES

INDEX

ARITHMÉTIQUE

ALGÈBRE

1. NOMBRES ENTIERS NATURELS, NOMBRES DÉCIMAUX

Les nombres entiers naturels

Le nombre de billes dans un sac, le nombre de crayons dans une boîte, le nombre de tables dans une salle de classe, le nombre de voitures dans un garage sont des entiers naturels.
On connaît la suite des entiers naturels :

$0 < 1 < 2 < 3 < 4 < 5 < 6 < \ldots$

Addition : somme de deux entiers naturels

Si a et b désignent respectivement le nombre d'éléments de deux collections A et B, on note $a + b$ le nombre d'éléments c de la collection C obtenue en réunissant les éléments de la collection A et ceux de la collection B.
On écrit : $a + b = c$; a et b sont les **termes de la somme** $a + b$.

→ $3 + 4 = 7$; $10 + 15 = 25$; $100 + 80 = 180$; etc.

Soustraction : différence de deux entiers naturels

Soient a et b deux entiers naturels tels que $a \geqslant b$.
Par définition : $a - b = c$ si et seulement si $b + c = a$.
La différence $a - b$ de deux entiers naturels a et b (avec $a \geqslant b$) est l'entier naturel c qui, additionné à b, donne a.
a et b sont les **termes de la différence** $a - b$.

→ $9 - 5 = 4$, car $5 + 4 = 9$;
$100 - 40 = 60$, car $40 + 60 = 100$.

Multiplication : produit de deux entiers naturels

La somme $\underbrace{a + a + a + \ldots + a}_{b \text{ nombres}}$ de b nombres entiers tous égaux à a est appelée produit de a par b et elle est notée $a \times b$.
a et b sont les **facteurs du produit** $a \times b$.

→ $7 + 7 = 7 \times 2$; $5 + 5 + 5 = 5 \times 3$; $3 + 3 + 3 + 3 = 3 \times 4$.

Division de l'entier *a* par l'entier *b* non nul; quotient et reste

Soient a et b deux entiers naturels avec b non nul.
Il existe un seul couple d'entiers naturels q et r vérifiant :

$a = bq + r$ avec $r < b$.

Les entiers q et r sont respectivement appelés **quotient** et **reste** dans la division de a par b.

→

$$\begin{array}{r|l} 9 & 2 \\ \hline 1 & 4 \end{array} \qquad \begin{array}{r|l} 17 & 3 \\ \hline 2 & 5 \end{array} \qquad \begin{array}{r|l} 230 & 50 \\ \hline 30 & 4 \end{array}$$

$$\begin{cases} 9 = (2 \times 4) + 1 \\ 1 < 2 \end{cases} \qquad \begin{cases} 17 = (3 \times 5) + 2 \\ 2 < 3 \end{cases} \qquad \begin{cases} 230 = (50 \times 4) + 30 \\ 30 < 50 \end{cases}$$

Les nombres décimaux

a) Un tuyau d'arrosage mesure 1 238 cm.
Plaçons les chiffres 1, 2, 3, 8 dans le tableau suivant :

km	hm	dam	m	dm	cm	mm
0	0	1	2	3	8	0

Changeons d'unité :
Mesure de la longueur du tuyau :

- en dm : 123,8;
- en m : 12,38;
- en dam : 1,238;
- en hm : 0,123 8.

b) Un tonneau a une capacité de 2 319 dl.
Plaçons les chiffres 2, 3, 1, 9 dans le tableau suivant :

hl	dal	l	dl	cl	ml
2	3	1	9	0	0

Mesure de la capacité du tonneau :

- en l : 231,9;
- en dal : 23,19;
- en hl : 2,319.

c) Un livre a une masse de 1 325 g.
Plaçons les chiffres 1, 3, 2, 5 dans le tableau suivant :

kg	hg	dag	g
1	3	2	5

Mesure de la masse du livre :

- en dag : 132,5;
- en hg : 13,25;
- en kg : 1,325.

Tous les nombres rencontrés dans les exemples ci-dessus sont des nombres décimaux.

Remarque
Tout nombre décimal est le quotient d'un entier naturel par une puissance de 10 dont l'exposant est un entier naturel.

Rappel
$10^0 = 1$; $10^1 = 10$; $10^2 = 10 \times 10 = 100$; $10^3 = 10 \times 10 \times 10 = 1\,000$; etc.

→ $7 = \frac{7}{1} = \frac{70}{10} = \frac{700}{100} = \ldots$ $3{,}4 = \frac{34}{10} = \frac{340}{100} = \frac{3\,400}{1\,000} = \ldots$

$$5{,}71 = \frac{571}{100} = \frac{5\,710}{1\,000} = \frac{57\,100}{10\,000} = \ldots$$

$$0{,}085 = \frac{85}{1\,000} = \frac{850}{10\,000} = \frac{8\,500}{100\,000} = \ldots$$

Propriétés de l'addition et de la multiplication

Quels que soient les nombres décimaux *a, b, c, m* :

$a + b = b + a$ L'addition est **commutative.**	$a \times b = b \times a$ La multiplication est **commutative.**
$(a + b) + c = a + (b + c)$ L'addition est **associative.**	$(a \times b) \times c = a \times (b \times c)$ La multiplication est **associative.**
$0 + a = a + 0 = a$ Le nombre 0 est **élément neutre** pour l'addition.	$1 \times a = a \times 1 = a$ Le nombre 1 est **élément neutre** pour la multiplication.
$m \times (a + b) = (m \times a) + (m \times b)$ $(a + b) \times m = (a \times m) + (b \times m)$ La multiplication est **distributive** par rapport à l'addition.	

Calculs

Addition

```
    2,3 2
+ 1 7,2
+   1,5 9 8
-----------
= 2 1,1 1 8
```

Soustraction

```
  1 3,5 6 7
-   5,9 2
-----------
=   7,6 4 7
```

On dispose les nombres de façon à placer les virgules en colonne.

Multiplication

$$\begin{array}{r} 2\,8{,}5\,6 \\ \times \quad 4{,}8 \\ \hline 2\,2\,8\,4\,8 \\ 1\,1\,4\,2\,4 \\ \hline = 1\,3\,7{,}0\,8\,8 \end{array}$$

S'il y a p décimales dans le premier nombre et q décimales dans le second, il y a $p+q$ décimales dans le produit.

Division

$$\begin{array}{r|l} 3\,9{,}7{,}8\,6 & 5{,}7 \\ \cline{2-2} 5\,5\,8 & 6{,}9\,8 \\ 4\,5\,6 & \\ 0\,0 & \end{array}$$

On multiplie dividende et diviseur par une même puissance de 10 de façon à avoir un diviseur entier. Au lieu de diviser 39,786 par 5,7, on divise 397,86 par 57.

2. MULTIPLES ET DIVISEURS D'UN NOMBRE ENTIER

Multiples d'un nombre

■ $0 = 3 \times 0$; $6 = 3 \times 2$; $9 = 3 \times 3$; $30 = 3 \times 10$; $45 = 3 \times 15$.

Les nombres* 0, 6, 9, 30, 45 sont de la forme $3 \times K$ où K est un entier naturel. On dit que ces nombres sont des multiples de 3.

■ $0 = 5 \times 0$; $5 = 5 \times 1$; $15 = 5 \times 3$; $40 = 5 \times 8$; $55 = 5 \times 11$.

Les nombres 0, 5, 15, 40, 55 sont de la forme $5 \times K$ où K est un entier naturel. On dit que ces nombres sont des multiples de 5.

Définition

L'entier *m* est un multiple de l'entier *a* s'il est le produit de *a* par un entier K :

$$m = a \times K.$$

Remarques

a) Tout nombre est multiple de l'entier 1.

b) Le nombre zéro est multiple de tout entier.

c) Tout nombre est multiple de lui-même.

d) Si l'entier *m* est multiple de l'entier *n* et si l'entier *n* est multiple de l'entier *p*, alors *m* est multiple de *p*.

---

* Dans ce chapitre, le mot nombre signifie nombre entier naturel.

Diviseurs d'un nombre

Définition

L'entier non nul *d* est un diviseur de l'entier *a* si *a* est un multiple de *d*.

→ $20 = 4 \times 5$; 20 est multiple de 4 et de 5;
4 et 5 sont des diviseurs de 20.

$36 = 3 \times 12$; 36 est multiple de 3 et de 12;
3 et 12 sont des diviseurs de 36.

Vocabulaire

Au lieu de dire que l'entier *d* est un diviseur de l'entier *a*, on dit aussi que *d* divise *a*, ou que *a* est divisible par *d*.

Le mot diviseur a deux sens bien précis qu'il faut savoir distinguer :

■ **Le nombre *d* non nul est le diviseur dans une division.**

37 | 5 2 | 7	37, 5, 7 et 2 sont respectivement le dividende, le **diviseur,** le quotient et le reste **dans la division de 37 par 5.**

■ **Le nombre *d* non nul est un diviseur du nombre *a*.**

35 | 5 0 | 7	$35 = 5 \times 7$; 35 est multiple de 5; 5 est **diviseur de 35.** Le reste est nul dans la division de 35 par 5.

Remarques

a) Le nombre 1 est diviseur de tout entier.

b) Tout nombre non nul est diviseur de zéro.

c) Tout nombre non nul est diviseur de lui-même.

d) Si l'entier *d* divise l'entier *e* et si l'entier *e* divise l'entier *f*, alors *d* divise *f*.

Caractères de divisibilité

Divisibilité par une puissance de 10

Un nombre est divisible par 10, ou par 100, ou par 1 000, ... s'il se termine par 0, ou par 00, ou par 000, ...

→ 150, 290, 1 370 sont divisibles par 10;
1 900, 3 700, 4 100 sont divisibles par 10 et par 100;
13 000, 64 000, 157 000 sont divisibles par 10, 100 et par 1 000.

Divisibilité par 2

Un nombre est divisible par 2 s'il se termine par 0, ou par 2, ou par 4, ou par 6, ou par 8.

→ 14, 26, 32, 108, 350 sont divisibles par 2.
35, 59, 71, 87, 763 ne sont pas divisibles par 2.

Divisibilité par 5

Un nombre est divisible par 5 s'il se termine par 0 ou par 5.

→ 20, 45, 60, 215 sont divisibles par 5.
54, 72, 88, 453 ne sont pas divisibles par 5.

Divisibilité par 3

Un nombre est divisible par 3 si, en additionnant les nombres représentés par ses chiffres, on obtient un nombre divisible par 3.

→ 246 est divisible par 3, car $2+4+6=12$ et 12 est divisible par 3.
2 862 est divisible par 3, car $2+8+6+2=18$ et 18 est divisible par 3.
14 785 n'est pas divisible par 3, car $1+4+7+8+5=25$ et 25 n'est pas divisible par 3.

Divisibilité par 9

Un nombre est divisible par 9 si, en additionnant les nombres représentés par ses chiffres, on obtient un nombre divisible par 9.

→ 1 116 est divisible par 9, car $1+1+1+6=9$ et 9 est divisible par 9.
6 417 est divisible par 9, car $6+4+1+7=18$ et 18 est divisible par 9.
32 876 n'est pas divisible par 9, car $3+2+8+7+6=26$ et 26 n'est pas divisible par 9.

3. NOMBRES PREMIERS

Nombres premiers et nombres non premiers

Le nombre* 1 n'a qu'un diviseur : 1.
Le nombre 13 a deux diviseurs : 1 et 13.
Le nombre 12 a six diviseurs : 1, 2, 3, 4, 6 et 12.
Le nombre zéro a une infinité de diviseurs : 1, 2, 3, 4, 5, 6, etc.

Définition

Un nombre *p* est premier s'il admet deux diviseurs différents et deux seulement : 1 et *p*.

0 n'est pas premier (il admet une infinité de diviseurs);
1 n'est pas premier (il a un seul diviseur : 1);
2 est premier (il a deux diviseurs : 1 et 2);
3 est premier (il a deux diviseurs : 1 et 3);
4 n'est pas premier (il a trois diviseurs : 1, 2 et 4);
5 est premier (il a deux diviseurs : 1 et 5);
6 n'est pas premier (il a quatre diviseurs : 1, 2, 3 et 6);
7 est premier (il a deux diviseurs : 1 et 7);
8 n'est pas premier (il a quatre diviseurs : 1, 2, 4 et 8);
9 n'est pas premier (il a trois diviseurs : 1, 3 et 9);
10 n'est pas premier (il a quatre diviseurs : 1, 2, 5 et 10).

Voici la suite des nombres premiers inférieurs à 30 : 2, 3, 5, 7, 11, 13, 17, 19, 23, 29.

---

* Dans ce chapitre, le mot nombre signifie nombre entier naturel.

Comment savoir si un nombre est premier?

Divisions par les nombres premiers successifs

Problème : *167 est-il premier?*
Divisons 167 par les nombres premiers successifs :

$$\begin{array}{r|l} 167 & 2 \\ \cline{2-2} 07 & 83 \\ 1 & \end{array} \quad \begin{array}{r|l} 167 & 3 \\ \cline{2-2} 17 & 55 \\ 2 & \end{array} \quad \begin{array}{r|l} 167 & 5 \\ \cline{2-2} 17 & 33 \\ 2 & \end{array} \quad \begin{array}{r|l} 167 & 7 \\ \cline{2-2} 27 & 23 \\ 6 & \end{array} \quad \begin{array}{r|l} 167 & 11 \\ \cline{2-2} 57 & 15 \\ 2 & \end{array}$$

$$\begin{array}{r|l} 167 & 13 \\ \cline{2-2} 37 & 12 \\ 11 & \end{array} \quad \begin{array}{r|l} 167 & 17 \\ \cline{2-2} 14 & 9 \\ & \end{array} \quad \begin{array}{r|l} 167 & 19 \\ \cline{2-2} 15 & 8 \\ & \end{array} \quad \begin{array}{r|l} 167 & 23 \\ \cline{2-2} 06 & 7 \\ & \end{array} \quad \begin{array}{r|l} 167 & 29 \\ \cline{2-2} 22 & 5 \\ & \end{array}$$

Dans toutes ces divisions, le reste est différent de 0.
Observons la suite des diviseurs d et la suite des quotients q :

d	2	3	5	7	11	13	17	19	23	29
q	83	55	33	23	15	12	9	8	7	5

Lorsque le diviseur d augmente, nous voyons que le quotient q diminue.

Comparons le diviseur d et le quotient q :

— au début $q>d$: $83>2$, $55>3$, $33>5$, $23>7$, $15>11$;

— ensuite $q<d$: $12<13$, $9<17$, $8<19$, $7<23$, $5<29$.

Règle

Si l'on n'a pas encore obtenu un reste nul quand le quotient devient inférieur au diviseur, on est certain que le nombre étudié est premier.

Le nombre 167 est donc premier. On pouvait arrêter la suite des divisions après la division de 167 par 13.

Table des nombres premiers inférieurs à 1 000

2	101	211	307	401	503	601	701	809	907
3	103	223	311	409	509	607	709	811	911
5	107	227	313	419	521	613	719	821	919
7	109	229	317	421	523	617	727	823	929
11	113	233	331	431	541	619	733	827	937
13	127	239	337	433	547	631	739	829	941
17	131	241	347	439	557	641	743	839	947
19	137	251	349	443	563	643	751	853	953
23	139	257	353	449	569	647	757	857	967
29	149	263	359	457	571	653	761	859	971
31	151	269	367	461	577	659	769	863	977
37	157	271	373	463	587	661	773	877	983
41	163	277	379	467	593	673	787	881	991
43	167	281	383	479	599	677	797	883	997
47	173	283	389	487		683		887	
53	179	293	397	491		691			
59	181			499					
61	191								
67	193								
71	197								
73	199								
79									
83									
89									
97									

N. B. : la liste des nombres premiers est illimitée.

Décomposition en produit de facteurs premiers

Décomposition « au hasard »

Le nombre 360, par exemple, n'est pas premier puisqu'il admet comme diviseurs 1, 360, 10, 36. Il admet aussi d'autres diviseurs.
Essayons de décomposer le nombre 360 en produit de facteurs premiers :

$360 = 36 \times 10 = 6 \times 6 \times 5 \times 2 = 3 \times 2 \times 3 \times 2 \times 5 \times 2 = 2^3 \times 3^2 \times 5.$

On aurait pu procéder autrement :

$360 = 90 \times 4 = 9 \times 10 \times 4 = 3 \times 3 \times 5 \times 2 \times 2 \times 2 = 2^3 \times 3^2 \times 5;$

ou encore :

$360 = 60 \times 6 = 6 \times 10 \times 3 \times 2 = 3 \times 2 \times 5 \times 2 \times 3 \times 2 = 2^3 \times 3^2 \times 5.$

On trouve chaque fois la même décomposition en produit de facteurs premiers :

$2 \times 2 \times 2 \times 3 \times 3 \times 5 = 2^3 \times 3^2 \times 5.$

Théorème

Tout nombre non premier et supérieur à 1 peut s'écrire sous la forme d'un produit de facteurs premiers et la décomposition est unique.

Autre technique de décomposition

On divise (quand c'est possible) par les nombres premiers successifs (2, 3, 5, 7, etc.) en épuisant tous les diviseurs 2 possibles, puis tous les diviseurs 3 possibles, puis tous les diviseurs 5 possibles, etc., jusqu'à trouver un quotient égal à 1 :

$360 : 2 = 180$	$45 : 3 = 15$
$180 : 2 = 90$	$15 : 3 = 5$
$90 : 2 = 45$	$5 : 5 = 1.$

Le produit $2 \times 2 \times 2 \times 3 \times 3 \times 5$ de tous les diviseurs est la décomposition du nombre 360 en produit de facteurs premiers.
On peut faire les calculs en utilisant l'une des deux présentations Ⓐ ou Ⓑ suivantes :

Disposition Ⓐ *des calculs*

```
360 | 2
16  |-----
 0  | 180 | 2
    |  00 |-----
          | 90 | 2
          | 10 |-----
          |  0 | 45 | 3
               | 15 |-----
               |  0 | 15 | 3
                    |  0 |-----
                         | 5 | 5
                         | 0 |---
                             | 1
```

$360 = 2^3 \times 3^2 \times 5$

Disposition Ⓑ *des calculs*

```
360 | 2
180 | 2
 90 | 2
 45 | 3
 15 | 3
  5 | 5
  1 |
```

$360 = 2^3 \times 3^2 \times 5$

La décomposition de 360 en produit de facteurs premiers se trouve

— dans « l'escalier » avec la disposition (A) des calculs,

— dans la colonne de droite avec la disposition (B).

Remarques

a) Au lieu de dire : « décomposition du nombre x en produit de facteurs premiers », on dit plus simplement : « décomposition de x ».

b) Si un nombre est premier, on convient de dire qu'il est sa propre décomposition.

c) Les remarques a) et b) entraînent la suivante :
Tout entier supérieur à 1 a une décomposition unique.

La table jointe en annexe, page 176, donne les décompositions des nombres de 2 à 600.

« Être diviseur » et « être multiple »

Deux nombres a et b supérieurs à 1 étant donnés, il est très facile de voir sur leurs décompositions si l'un d'eux est diviseur (ou multiple) de l'autre.
La flèche noire signifie : « est diviseur de »; la flèche rouge signifie : « est multiple de ».

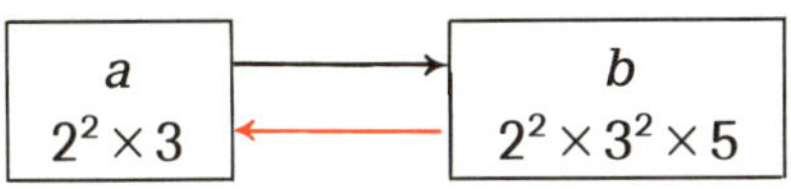

La décomposition de a est contenue dans celle de b : $a \times 3 \times 5 = b$.
a est diviseur de b, b est multiple de a.

Ici, il est impossible de dessiner les flèches. Aucune des deux décompositions n'est contenue dans l'autre.
a n'est ni diviseur ni multiple de b; b n'est ni diviseur ni multiple de a.

4. MULTIPLES ET DIVISEURS COMMUNS A PLUSIEURS NOMBRES

Multiples communs à plusieurs nombres

Problème : *Trouver le PPMC* (plus petit multiple commun) aux nombres suivants :*

$a = 18, \quad b = 45, \quad c = 60.$

On décompose les nombres* a, b et c en produits de facteurs premiers :

$$\left.\begin{array}{l} a = 18 = 2 \times 3^2 \\ b = 45 = 3^2 \times 5 \\ c = 60 = 2^2 \times 3 \times 5 \end{array}\right\} \quad \text{PPMC} = 2^2 \times 3^2 \times 5 = 180.$$

Tous les facteurs premiers des décompositions de a, b et c (2, 3 et 5) se retrouvent dans la décomposition du PPMC. Pour chacun d'eux, on prend comme exposant le plus grand des exposants intervenant dans les décompositions de a, b et c.

Théorème

> **Les multiples communs à plusieurs nombres sont les multiples de leur PPMC.**

Voici, par exemple, le début de la suite croissante des multiples communs à 18, 45 et 60 :

$180 \times 0 = 0, \quad 180 \times 1 = 180, \quad 180 \times 2 = 360, \quad 180 \times 3 = 540,$
$180 \times 4 = 720, \quad 180 \times 5 = 900,$ etc.

Le nombre 180 est le PPMC à 18, 45 et 60.

---

* On rencontre aussi PPCM.

* Dans ce chapitre, le mot nombre signifie nombre entier naturel.

Diviseurs communs à plusieurs nombres

Problème : *Trouver le PGDC* (plus grand diviseur commun) aux nombres suivants :*

$a = 252, \quad b = 378, \quad c = 630.$

On décompose les nombres *a*, *b* et *c* en produits de facteurs premiers :

$$\left.\begin{array}{l} a = 252 = 2^2 \times 3^2 \times 7 \\ b = 378 = 2 \times 3^3 \times 7 \\ c = 630 = 2 \times 3^2 \times 5 \times 7 \end{array}\right\} \quad \text{PGDC} = 2 \times 3^2 \times 7 = 126.$$

Pour obtenir la décomposition du PGDC, on prend les facteurs premiers communs aux décompositions de *a*, *b* et *c* (2, 3 et 7), avec, pour chacun d'eux, le plus petit des exposants intervenant dans les décompositions de *a*, *b* et *c*.

Théorème

Les diviseurs communs à plusieurs nombres sont les diviseurs de leur PGDC.

Voici, par exemple, les diviseurs de 126 :

1, 2, 3, 6, 7, 9, 14, 18, 21, 42, 63, 126.

On a la même liste pour les diviseurs communs à 252, 378 et 630, car 126 est le PGDC à ces trois nombres.

Nombres premiers entre eux

Lorsque le PGDC à deux nombres vaut 1, on dit que ces nombres sont **premiers entre eux.** Le nombre 1 est leur seul diviseur commun.

66 et 35, par exemple, sont premiers entre eux.

* On rencontre aussi PGCD.

5. DÉCIMAUX RELATIFS, ADDITION ET SOUSTRACTION

Définitions et notations

Un nombre décimal relatif *x* est un nombre décimal (appelé valeur absolue de *x*) précédé d'un signe + ou −.

→ $+1{,}25$, -4, $+81{,}3$, $-0{,}9$

sont des nombres décimaux relatifs.

Un nombre décimal relatif est dit **positif** si son signe est +.
Un nombre décimal relatif est dit **négatif** si son signe est −.
La lettre x désignant un décimal relatif, la notation $|x|$ se lit : « valeur absolue de x ».

→ $|+1{,}25| = 1{,}25$; $|-4| = 4$; $|+81{,}3| = 81{,}3$; $|-0{,}9| = 0{,}9$.

Remarque
Tout décimal relatif positif peut se noter comme sa valeur absolue : $+1{,}25 = 1{,}25$; $+81{,}3 = 81{,}3$.

Exemples d'utilisation des décimaux relatifs

Températures

Pour noter une température, on utilise un nombre relatif positif ($+15°$, $+21{,}5°$, par exemple) ou un nombre relatif négatif ($-3°$, $-10°$, par exemple) suivant que cette température est au-dessus ou au-dessous de zéro degré. La température « zéro degré » est celle de l'eau à l'état de glace fondante.

Cote indiquant un niveau

Pour noter sur une carte une altitude (sommet d'une colline, par exemple) ou la profondeur d'une fosse (fonds marins), on utilise un décimal relatif positif ou un décimal relatif négatif suivant que le lieu considéré est au-dessus ou au-dessous du niveau de la mer. On dira, par exemple : « on trouve les ruines d'un château au point coté $+835$ m; un bathyscaphe a plongé jusqu'à $-3\,000$ m. »

Variations diverses

Pour signaler des variations (augmentations ou diminutions), on peut utiliser des décimaux relatifs, un décimal positif correspondant à une augmentation et un décimal négatif à une diminution. Un commerçant, par exemple, notera toute recette par un nombre positif et toute dépense par un nombre négatif.

Remarque

— Températures (en degrés) : $+0=-0=0$.
— Cote d'un point sur une carte (en m) : $+0=-0=0$.
— Recettes et dépenses (en F) : $+0=-0=0$.

Les écritures +0 et −0 représentent un même décimal relatif que l'on note plus simplement 0.

Addition de deux décimaux relatifs

Quels que soient les décimaux relatifs a et b, la définition suivante permet de calculer le décimal relatif $\boldsymbol{a+b}$. a et b sont les deux **termes de la somme** $a+b$.

Définition

La somme de deux décimaux relatifs de même signe est le décimal relatif de même signe dont la valeur absolue est la somme des valeurs absolues des deux nombres.

→ $(+3)+(+4{,}5)=+7{,}5$; $(-5{,}2)+(-4{,}3)=-9{,}5$.

La somme de deux décimaux relatifs de signes contraires a le signe de celui des deux nombres qui a la plus grande valeur absolue. La valeur absolue de cette somme est la différence des valeurs absolues des deux nombres.

→ $(+8)+(-2)=+6$; $(-6,1)+(+4,1)=-2$.

Remarque
Pour trouver la somme de deux décimaux relatifs, il est bien pratique de penser que ces nombres expriment des recettes ou des dépenses, des gains ou des pertes.

— Un gain de 150 F suivi d'un gain de 200 F, cela donne un gain de 350 F : $(+150)+(+200)=+350$.

— Une perte de 90,5 F suivie d'une perte de 40 F, cela donne une perte de 130,5 F : $(-90,5)+(-40)=-130,5$.

— Un gain de 500 F suivi d'une perte de 400 F, cela donne un gain de 100 F : $(+500)+(-400)=+100$.

Propriétés de l'addition

Quels que soient les décimaux relatifs a, b et c :

- $a+b=b+a$ (l'addition est **commutative**);
- $(a+b)+c=a+(b+c)$ (l'addition est **associative**);
- $a+0=0+a=a$ (0 est **élément neutre** pour l'addition).

Quel que soit le décimal relatif a, il existe un décimal relatif a', tel que : $a+a'=a'+a=0$.
On dit que a et a' sont des **nombres opposés.**

→ $(+3)$ et (-3) sont opposés, car $(+3)+(-3)=0$.
$(-4,5)$ et $(+4,5)$ sont opposés, car $(-4,5)+(+4,5)=0$.

Notation
L'opposé de a sera noté **opp *a*.**

Remarque
Si a n'est pas nul, a et opp a ont même valeur absolue et leurs signes sont différents.
Le nombre 0 a pour opposé 0.

Somme de plusieurs décimaux relatifs

Définition

Soient plusieurs décimaux relatifs a, b, c, d, ...; on appelle **somme de tous ces nombres donnés dans cet ordre** le nombre

S ainsi calculé :
— on additionne le premier nombre et le second,
— on additionne la somme trouvée et le troisième,
— on additionne la somme trouvée et le quatrième,
— etc.
La dernière somme trouvée est la somme S.
On écrit : $S = a + b + c + d + ...$; on dit que a, b, c, d, ... sont les **termes** de la somme.

→ $(+30) + (-50) + (-80) + (+10) = (-20) + (-80) + (+10)$
$= (-100) + (+10) = -90.$

Théorèmes

■ **La somme de plusieurs termes est indépendante de l'ordre de ces termes :**

$\boldsymbol{a + b + c + d = d + b + c + a.}$

■ **Si l'on remplace plusieurs termes par leur somme, le résultat final ne change pas :**

$\boldsymbol{a + b + c + d + e = a + (b + c + d) + e.}$

■ **Si l'on remplace un terme par plusieurs autres dont il est la somme, le résultat final ne change pas.**

■ **L'opposé de la somme de plusieurs nombres est la somme des opposés de ces nombres :**

$\boldsymbol{\text{opp}\,(a + b + c + d) = \text{opp}\ a + \text{opp}\ b + \text{opp}\ c + \text{opp}\ d.}$

Soustraction des décimaux relatifs

Définition

La différence $a - b$ de deux décimaux relatifs a et b est le décimal relatif d qui, additionné au deuxième b, donne le premier a :

$a - b = d$ signifie $b + d = a$.

a et b sont les deux **termes** de la différence $a - b$.

→ $(+12) - (+8) = +4$, car $(+8) + (+4) = +12$.
$(-9) - (-3) = -6$, car $(-3) + (-6) = -9$.
$(-2) - (+10) = -12$, car $(+10) + (-12) = -2$.
$(+4{,}5) - (-5) = +9{,}5$, car $(-5) + (+9{,}5) = +4{,}5$.

Théorème

Retrancher un nombre revient à additionner son opposé :
$a - b = a + \text{opp } b$.

→ $(+12) - (+8) = (+12) + (-8) = +4$.
$(-9) - (-3) = (-9) + (+3) = -6$.
$(-2) - (+10) = (-2) + (-10) = -12$.
$(+4{,}5) - (-5) = (+4{,}5) + (+5) = +9{,}5$.

Suite d'additions et de soustractions; somme algébrique

Définition

Les lettres désignant des décimaux relatifs, $a - b - c + d - e + f$ est le nombre S que l'on obtient de la façon suivante :
— au nombre a on retranche b,
— à la différence trouvée on retranche c,
— à la différence trouvée on additionne d,
— à la somme trouvée on retranche e,
— à la différence trouvée on additionne f.

Le dernier nombre trouvé est le nombre S.
On dit que $a - b - c + d - e + f$ est une **somme algébrique.**

$a + b - c$, $a + b + c - d$, $a - b + c - d$, par exemple, sont d'autres sommes algébriques.

Remarque
Toute somme algébrique peut être considérée comme une somme :

$a - b - c + d - e + f = a + \text{opp } b + \text{opp } c + d + \text{opp } e + f$.

→ $(+4) - (-8{,}3) - (+9) + (+11{,}3) - (+3{,}6) + (-12)$
$= (+4) + (+8{,}3) + (-9) + (+11{,}3) + (-3{,}6) + (-12) = -1$.

6. MULTIPLICATION DES DÉCIMAUX RELATIFS

Produit de deux décimaux relatifs

Quels que soient les décimaux relatifs a et b, les définitions suivantes permettent de calculer le décimal relatif $a \times b$.
a et b sont les deux **facteurs du produit** $a \times b$.

Définitions

Le produit de deux décimaux relatifs de même signe est le décimal relatif positif dont la valeur absolue est le produit des valeurs absolues des deux nombres.

→ $(+4,5) \times (+3) = +13,5$; $(-8) \times (-0,5) = +4$.

Le produit de deux décimaux relatifs de signes différents est le décimal relatif négatif dont la valeur absolue est le produit des valeurs absolues des deux nombres.

→ $(+9,5) \times (-3,2) = -30,4$; $(-10) \times (+7,4) = -74$.

Notation
On écrit $a \times b$ ou $a \cdot b$ ou ab.

Remarque
Quel que soit le décimal relatif a : $a \times 0 = 0 \times a = 0$.

Propriétés de la multiplication

Quels que soient les décimaux relatifs a, b et c :

- $a \times b = b \times a$; la multiplication est **commutative;**
- $(a \times b) \times c = a \times (b \times c)$; la multiplication est **associative;**
- $a \times (+1) = (+1) \times a = a$; le nombre $(+1)$ est **élément neutre** pour la multiplication;
- $a \times (-1) = (-1) \times a = \text{opp } a$.

Définition

On dit que deux décimaux relatifs a et a' sont inverses l'un de l'autre si $a \times a' = +1$.

→ $(+0{,}25) \times (+4) = +1$; $+0{,}25$ et $+4$ sont inverses l'un de l'autre;
$(-5) \times (-0{,}2) = +1$; -5 et $-0{,}2$ sont inverses l'un de l'autre.

Produit de plusieurs décimaux relatifs

Définition

Soient plusieurs décimaux relatifs a, b, c, d, ...; on appelle produit de tous ces nombres donnés dans cet ordre le nombre P ainsi calculé :

— On multiplie le premier nombre par le second,
— on multiplie le produit trouvé par le troisième,
— on multiplie le produit trouvé par le quatrième,
— etc.

Le dernier produit trouvé est le produit P.
On écrit : $P = a \times b \times c \times d \times ...$; on dit que a, b, c, d, ... sont les **facteurs** du produit.

→ $(-2) \times (+3{,}5) \times (-4) \times (+5{,}25) = (-7) \times (-4) \times (+5{,}25)$
$= (+28) \times (+5{,}25) = +147.$

Théorèmes

■ **Le produit de plusieurs facteurs est indépendant de l'ordre de ces facteurs:**

$$a \times b \times c \times d = b \times c \times a \times d.$$

■ **Si l'on remplace plusieurs facteurs par leur produit, le résultat final ne change pas:**

$$a \times b \times c \times d \times e = a \times (b \times c) \times (d \times e).$$

■ **Si l'on remplace un facteur par plusieurs autres dont il est le produit, le résultat final ne change pas.**

Remarques

Calcul d'un produit de plus de deux facteurs :

a) Si l'un des facteurs est nul, alors le produit est nul.

b) La valeur absolue du produit est le produit des valeurs absolues des facteurs.

c) Aucun des facteurs n'étant nul, si le nombre des facteurs négatifs est pair, alors le produit est positif; si le nombre des facteurs négatifs est impair, alors le produit est négatif.

Distributivité de la multiplication par rapport à l'addition

Quels que soient les décimaux relatifs a, b et m :

$(a+b)\times m = am + bm,$
$m\times(a+b) = ma + mb.$

On dit que la multiplication est distributive par rapport à l'addition.

→ $[(+6)+(-3{,}4)]\times(-5)=(+2{,}6)\times(-5)=-13;$

ou : $[(+6)\times(-5)]+[(-3{,}4)\times(-5)]=(-30)+(+17)$
$=-13.$

D'une façon plus générale, les lettres représentant des décimaux relatifs quelconques et quel que soit le nombre des termes de la somme $a+b+c+d+\ldots$, on a :

$(a+b+c+d+\ldots)\times m = am+bm+cm+dm+\ldots$
$m\times(a+b+c+d+\ldots) = ma+mb+mc+md+\ldots$

7. INÉGALITÉS (NOMBRES DÉCIMAUX RELATIFS)

Inégalités au sens strict

Les lettres désignant des nombres décimaux relatifs,
$a > b$ si $a - b$ est un nombre strictement positif (c'est-à-dire un nombre positif non nul),
$a < b$ si $a - b$ est un nombre strictement négatif (c'est-à-dire un nombre négatif non nul).
$a > b$ se lit : « a est supérieur à b »;
$a < b$ se lit : « a est inférieur à b ».

→ $+3 > -1{,}5$, car $(+3) - (-1{,}5) = (+3) + (+1{,}5) = +4{,}5$ qui est un nombre strictement positif;
$-1{,}5 < +3$, car $(-1{,}5) - (+3) = (-1{,}5) + (-3) = -4{,}5$ qui est un nombre strictement négatif.

Inégalités au sens large

Les lettres désignant des nombres décimaux relatifs,
$a \geqslant b$ si $a - b$ est un nombre positif,
$a \leqslant b$ si $a - b$ est un nombre négatif.
$a \geqslant b$ se lit : « a est supérieur ou égal à b »;
$a \leqslant b$ se lit : « a est inférieur ou égal à b ».

Droite graduée

A chaque décimal relatif x correspond un point et un seul de la droite graduée Δ (fig. 1).
On dit que le nombre x est **l'abscisse** du point.

→ Le point d'abscisse $+1$ est le point A, celui d'abscisse $+5{,}5$ est le point B, celui d'abscisse -2 est le point C, celui d'abscisse $-4{,}5$ est le point D.

La droite graduée est un instrument pratique pour comparer deux décimaux relatifs *a* et *b* (on n'a pas à calculer la différence $a-b$).
Imaginons que cette droite soit verticale, les points d'abscisses positives étant situés au-dessus des points d'abscisses négatives. Il suffit de trouver lequel des deux points d'abscisses a ou b est situé au-dessus de l'autre pour savoir lequel des deux nombres a ou b est le plus grand.

→ $+5{,}5 > +1$, car le point B d'abscisse $+5{,}5$ est situé au-dessus du point A d'abscisse $+1$;
$-4{,}5 < -2$, car le point D d'abscisse $-4{,}5$ est situé au-dessous du point C d'abscisse -2.

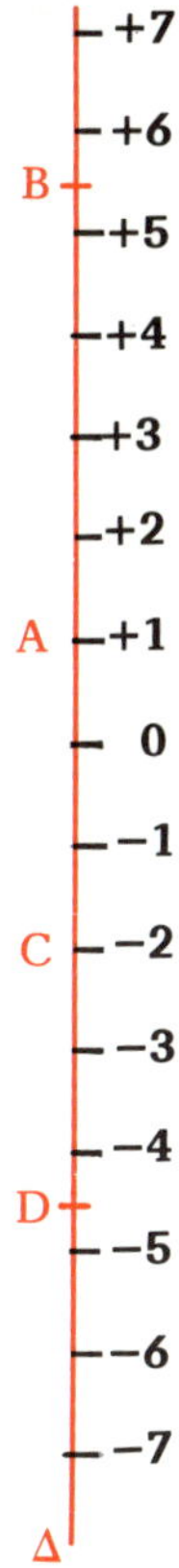

fig. 1

Remarques

a) Tout nombre strictement positif est supérieur à tout nombre strictement négatif.

b) Tout nombre strictement positif est supérieur à zéro; zéro est supérieur à tout nombre strictement négatif.

c) Un nombre positif est supérieur à un autre nombre positif si la valeur absolue du premier est supérieure à celle du second.

d) Un nombre négatif est supérieur à un autre nombre négatif si la valeur absolue du premier est inférieure à la valeur absolue du second.

e) a, b et c désignant trois décimaux relatifs, si $a > b$ et $b > c$, alors $a > c$.

Théorèmes

Si l'on additionne un même nombre aux deux membres d'une inégalité, on obtient une nouvelle inégalité de même sens que la première.

→ $+6{,}5 > -1$.

En additionnant -3 aux deux membres de cette inégalité, on obtient l'inégalité de même sens $+3{,}5 > -4$.

Si l'on additionne membre à membre deux inégalités de même sens, on obtient une nouvelle inégalité de même sens que les deux premières.

→ $-5 < -2{,}2$;
$-1 < +4{,}3$.

En additionnant membre à membre ces deux inégalités de même sens, on obtient l'inégalité $-6 < +2{,}1$ de même sens que les deux premières.

Si l'on multiplie les deux membres d'une inégalité par un même nombre strictement positif, on obtient une nouvelle inégalité de même sens que la première.

→ $+4 > -2{,}5$.

En multipliant par $+2$ les deux membres de cette inégalité, on obtient l'inégalité de même sens $+8 > -5$.

Si l'on multiplie les deux membres d'une inégalité par un même nombre strictement négatif, on obtient une nouvelle inégalité de sens contraire.

→ $-8 < -3{,}4$.

En multipliant par $-3{,}5$ les deux membres de cette inégalité, on obtient l'inégalité de sens contraire

$+28 > +11{,}9$.

8. ÉCRITURES FRACTIONNAIRES

Quotient d'un entier naturel par un entier naturel non nul

Observons les divisions suivantes :

$$\begin{array}{r|l} 28 & 8 \\ \cline{2-2} 40 & 3{,}5 \\ 0 & \end{array}$$

La division s'arrête.

$28 = 8 \times 3{,}5$; $\dfrac{28}{8} = 3{,}5$.

$$\begin{array}{r|l} 17 & 4 \\ \cline{2-2} 10 & 4{,}25 \\ 20 & \\ 0 & \end{array}$$

La division s'arrête.

$17 = 4 \times 4{,}25$; $\dfrac{17}{4} = 4{,}25$.

$$\begin{array}{r|l} 28 & 6 \\ \cline{2-2} 40 & 4{,}666 \\ 40 & \\ 40 & \\ 4 & \end{array}$$

La division ne s'arrête jamais; tous les restes partiels valent 4.

$28 = 6 \times 4{,}666\ldots$; $\dfrac{28}{6} = 4{,}666\ldots$

$$\begin{array}{r|l} 13 & 11 \\ \cline{2-2} 20 & 1{,}1818 \\ 90 & \\ 20 & \\ 90 & \\ 2 & \end{array}$$

La division ne s'arrête jamais; tous les restes partiels valent 2 ou 9.

$13 = 11 \times 1{,}181\,8\ldots$; $\dfrac{13}{11} = 1{,}181\,8\ldots$

***a* et *b* désignant des entiers naturels ($b \neq 0$), *x* est le quotient de *a* par *b* si $a = b \times x$.**

$\frac{a}{b} = x$ si et seulement si $a = b \times x$.

Les quotients des deux premières divisions sont des nombres décimaux. Les deux autres quotients ne sont pas des nombres décimaux, car la suite des décimales est illimitée pour chacun d'eux.

Fractions

Définition

Les quotients $\frac{a}{b}$ avec *a* et *b* entiers naturels ($b \neq 0$) sont appelés fractions.

$\frac{28}{8}$, $\frac{17}{4}$, $\frac{28}{6}$, $\frac{13}{11}$ sont des fractions.

Les entiers naturels *a* et *b* sont respectivement le numérateur et le dénominateur de la fraction $\frac{a}{b}$.

Lecture des fractions

$\frac{5}{2}$, $\frac{7}{3}$, $\frac{9}{4}$, par exemple, se lisent respectivement :

« 5 sur 2, 7 sur 3, 9 sur 4 » ou encore « 5 demis, 7 tiers, 9 quarts ».

$\frac{4}{5}$, $\frac{8}{9}$, $\frac{6}{13}$, par exemple, se lisent respectivement :

« 4 sur 5, 8 sur 9, 6 sur 13 » ou encore « 4 cinquièmes, 8 neuvièmes, 6 treizièmes ».

Remarques

a) Tout entier naturel peut s'écrire sous la forme d'une fraction.

→ $$2 = \frac{2}{1} = \frac{4}{2} = \frac{6}{3} = \frac{8}{4} = \ldots$$

$$3 = \frac{3}{1} = \frac{30}{10} = \frac{300}{100} = \frac{3\,000}{1\,000} = \ldots$$

b) Tout nombre décimal positif peut s'écrire sous la forme d'une fraction.

→ $3{,}5 = \frac{35}{10} = \frac{350}{100} = \frac{3\,500}{1\,000} = \ldots$

$4{,}71 = \frac{471}{100} = \frac{4\,710}{1\,000} = \frac{47\,100}{10\,000} = \ldots$

Développement décimal d'une fraction

Certaines fractions sont des nombres décimaux; on les appelle fractions décimales.

→ $\frac{3}{5} = 0{,}6$; $\frac{7}{8} = 0{,}875$; $\frac{11}{10} = 1{,}1$;

$\frac{17}{25} = 0{,}68$; $\frac{3}{16} = 0{,}187\,5$; $\frac{1}{32} = 0{,}031\,25$.

Les divisions s'arrêtent : on a finalement un reste nul.

D'autres fractions ne sont pas des nombres décimaux.

→ $\frac{4}{3} = 1{,}333\ldots$; $\frac{7}{11} = 0{,}636\,363\ldots$; $\frac{6}{7} = 0{,}857\,142\,857\,142\ldots$

Dans ces écritures, **la suite des décimales est illimitée.** Cette suite est périodique, ce qui signifie qu'une même « tranche » de décimales revient régulièrement :

3 pour $\frac{4}{3}$, 63 pour $\frac{7}{11}$, 857 142 pour $\frac{6}{7}$.

On écrit : $\frac{4}{3} = 1{,}\overline{3}$; $\frac{7}{11} = 0{,}\overline{63}$; $\frac{6}{7} = 0{,}\overline{857\,142}$,

le « chapeau » ⌐¬ signalant la tranche de chiffres qui revient régulièrement.

Approximations décimales d'une fraction; troncature et arrondi

$\frac{10}{7} = 1{,}\overline{428\,571} = 1{,}428\,571\,428\,571\ldots$

■ **Troncatures** (on « arrête » la suite des décimales) :

— troncature à l'unité : 1;
— troncature au dixième (une seule décimale) : 1,4;
— troncature au centième (deux décimales) : 1,42;
— troncature au millième (trois décimales) : 1,428;
— etc.

■ **Arrondis** (après avoir fixé le nombre *n* de décimales souhaité, on remplace la fraction par le nombre décimal à *n* décimales qui est le plus proche de la fraction) :

— arrondi à l'unité : 1;
— arrondi au dixième (une seule décimale) : 1,4;
— arrondi au centième (deux décimales) : 1,43;
— arrondi au millième (trois décimales) : 1,429;
— etc.

Règle pour arrondir

On arrondit « au-dessous » si le premier chiffre supprimé est 0, ou 1, ou 2, ou 3, ou 4; on arrondit « au-dessus » si le premier chiffre supprimé est 5, ou 6, ou 7, ou 8, ou 9.

Fractions égales

■ Si l'on multiplie le numérateur et le dénominateur d'une fraction par un même nombre entier non nul, on obtient une fraction égale.

→ $\frac{3}{4}=\frac{6}{8}=\frac{9}{12}=\frac{12}{16}=\frac{15}{20}=\ldots$ (multiplication du numérateur et du dénominateur de la fraction $\frac{3}{4}$ par 2, 3, 4, 5, ...).

■ Si l'on divise le numérateur et le dénominateur d'une fraction par un diviseur commun, on obtient une fraction égale.

→ $\frac{24}{36}\overset{:2}{=}\frac{12}{18}\overset{:3}{=}\frac{4}{6}\overset{:2}{=}\frac{2}{3}$.

■ Les lettres désignant des entiers naturels (avec b et d non nuls) :

$\frac{a}{b}=\frac{c}{d}$ si et seulement si $a \times d = b \times c$.

Simplification d'une fraction

On peut simplifier une fraction si l'on peut diviser son numérateur et son dénominateur par un diviseur commun.

→ $\frac{24}{36} = \frac{12}{18} = \frac{4}{6} = \frac{2}{3}.$

$\frac{2}{3}$ est une fraction **irréductible** (on ne peut plus la simplifier).

On obtient directement la fraction irréductible $\left(\text{ici } \frac{2}{3}\right)$ en divisant le numérateur (ici 24) et le dénominateur (ici 36) par leur PGDC (plus grand diviseur commun, ici 12) :

$$\left.\begin{aligned} 24 &= 2^3 \times 3 \\ 36 &= 2^2 \times 3^2 \end{aligned}\right\} \quad \text{PGDC } (24;\ 36) = 2^2 \times 3 = 12;$$

$$\frac{24}{36} \overset{:\,12}{=} \frac{2}{3}. \quad (24 : 12 = 2 ;\ 36 : 12 = 3)$$

Réduction de fractions au même dénominateur

Problème : *Remplacer chaque fraction par une fraction égale, de façon que toutes les fractions obtenues aient le même dénominateur :*

$\frac{7}{12};\quad \frac{5}{8};\quad \frac{3}{16};\quad \frac{2}{3};\quad \frac{1}{6};\quad \frac{11}{24}.$

On doit choisir comme dénominateur commun un multiple commun à tous les dénominateurs. Pour avoir les calculs les plus simples, on choisit le PPMC (plus petit multiple commun).

$$\left.\begin{aligned} 12 &= 2^2 \times 3 \\ 8 &= 2^3 \\ 16 &= 2^4 \\ 3& \\ 6 &= 2 \times 3 \\ 24 &= 2^3 \times 3 \end{aligned}\right\} \quad \text{PPMC} = 2^4 \times 3 = 48$$

$\frac{7}{12}=\frac{7\times 4}{12\times 4}=\frac{28}{48}$; $\frac{5}{8}=\frac{5\times 6}{8\times 6}=\frac{30}{48}$;

$\frac{3}{16}=\frac{3\times 3}{16\times 3}=\frac{9}{48}$; $\frac{2}{3}=\frac{2\times 16}{3\times 16}=\frac{32}{48}$;

$\frac{1}{6}=\frac{1\times 8}{6\times 8}=\frac{8}{48}$; $\frac{11}{24}=\frac{11\times 2}{24\times 2}=\frac{22}{48}$.

Comparaison de fractions

Problème : *Ranger dans l'ordre croissant les fractions suivantes :*

$A=\frac{7}{12}$; $B=\frac{5}{8}$; $C=\frac{3}{16}$; $D=\frac{2}{3}$; $E=\frac{1}{6}$; $F=\frac{11}{24}$.

On peut poser les divisions et utiliser les développements décimaux :

$A=0{,}58...$; $B=0{,}62...$; $C=0{,}18...$; $D=0{,}66...$; $E=0{,}16...$; $F=0{,}45....$

Par suite,

$E<C<F<A<B<D.$

On peut aussi réduire les fractions au même dénominateur. On obtient :

$A=\frac{28}{48}$; $B=\frac{30}{48}$; $C=\frac{9}{48}$; $D=\frac{32}{48}$; $E=\frac{8}{48}$; $F=\frac{22}{48}$;

$$\frac{8}{48} < \frac{9}{48} < \frac{22}{48} < \frac{28}{48} < \frac{30}{48} < \frac{32}{48};$$

$$E<C<F<A<B<D.$$

Calculs sur les fractions

Somme de deux fractions

Problème : *Calculer* $S=\frac{5}{12}+\frac{7}{16}$.

On réduit d'abord les fractions au même dénominateur. On utilise comme dénominateur commun le plus petit multiple commun (PPMC) à 12 et à 16.

$$\left.\begin{array}{l}12=2^2\times 3\\ 16=2^4\end{array}\right\}\ \text{PPMC}=2^4\times 3=48.$$

$$S=\frac{5\times 4}{12\times 4}+\frac{7\times 3}{16\times 3}=\frac{20}{48}+\frac{21}{48}=\frac{41}{48}.$$

Différence de deux fractions

Problème : *Calculer* $D=\frac{11}{15}-\frac{3}{25}.$

On réduit d'abord les fractions au même dénominateur.

$$\left.\begin{array}{l}15=3\times 5\\ 25=5^2\end{array}\right\}\ \text{PPMC}=3\times 5^2=75.$$

$$D=\frac{11\times 5}{15\times 5}-\frac{3\times 3}{25\times 3}=\frac{55}{75}-\frac{9}{75}=\frac{46}{75}.$$

Produit de deux fractions

$\frac{m}{n}\times\frac{p}{q}=\frac{m\times p}{n\times q}$ (on multiplie les numérateurs m et p et les dénominateurs n et q).

→ $\frac{5}{7}\times\frac{3}{4}=\frac{5\times 3}{7\times 4}=\frac{15}{28}$; $\frac{3}{7}\times\frac{14}{9}=\frac{3\times 14}{7\times 9}=\frac{1\times 2}{1\times 3}=\frac{2}{3}.$

Quotient d'une fraction par une fraction

$$\frac{m}{n}:\frac{p}{q}=\frac{m}{n}\times\frac{q}{p}=\frac{m\times q}{n\times p}$$

$\left(\text{diviser par } \frac{p}{q} \text{ revient à multiplier par } \frac{q}{p}\right).$

→ $\frac{2}{5}:\frac{7}{4}=\frac{2}{5}\times\frac{4}{7}=\frac{2\times 4}{5\times 7}=\frac{8}{35}$;

$\frac{9}{16}:\frac{3}{8}=\frac{9}{16}\times\frac{8}{3}=\frac{9\times 8}{16\times 3}=\frac{3\times 1}{2\times 1}=\frac{3}{2}.$

9. RACINES CARRÉES

Définition, notation

La racine carrée d'un nombre positif *a* est le nombre positif qui a pour carré *a*.

$\sqrt{a}$ se lit : « racine carrée de a ».

Le symbole $\sqrt{\ }$ est appelé **radical;** le nombre positif placé sous le radical est le **radicande.**

→ $\sqrt{9}=3$, car $3^2=9$; $\sqrt{0}=0$, car $0^2=0$;

$\sqrt{6{,}25}=2{,}5$, car $2{,}5^2=6{,}25$;

$\sqrt{\frac{25}{9}}=\frac{5}{3}$, car $\left(\frac{5}{3}\right)^2=\frac{25}{9}$.

Remarque

Certaines racines carrées comme $\sqrt{9}$ ou $\sqrt{0}$ sont des entiers, d'autres comme $\sqrt{6{,}25}$ sont des décimaux non entiers, d'autres comme $\sqrt{\frac{25}{9}}$ sont des fractions non décimales, d'autres comme $\sqrt{2}$, ou $\sqrt{3}$, ou $\sqrt{5}$ sont des nombres irrationnels (nombres qui ne sont pas des fractions).

Quelques racines carrées

$\sqrt{1}=1$	$\sqrt{6}=2{,}449\,489\,74...$
$\sqrt{2}=1{,}414\,213\,56...$	$\sqrt{7}=2{,}645\,751\,31...$
$\sqrt{3}=1{,}732\,050\,80...$	$\sqrt{8}=2{,}828\,427\,12...$
$\sqrt{4}=2$	$\sqrt{9}=3$
$\sqrt{5}=2{,}236\,067\,97...$	$\sqrt{10}=3{,}162\,277\,6...$

Les nombres $\sqrt{2}$, $\sqrt{3}$, $\sqrt{5}$, $\sqrt{6}$, $\sqrt{7}$, $\sqrt{8}$ et $\sqrt{10}$ ne sont ni des entiers, ni des nombres décimaux, ni des fractions. La suite des décimales de chacun de ces nombres est illimitée et elle n'est pas périodique.

La table jointe en annexe, page 180, donne les racines carrées (arrondis au dix-millième) des entiers de 1 à 100.

La touche $\boxed{\sqrt{x}}$ des calculatrices donne les racines carrées (ou bien des arrondis de ces racines).

Remarques

a) Quel que soit le nombre positif a, $(\sqrt{a})^2 = a$.

→ $\sqrt{2}$ désigne le nombre positif dont le carré est 2. On a donc : $(\sqrt{2})^2 = 2$;
$\sqrt{3}$ désigne le nombre positif dont le carré est 3. On a donc : $(\sqrt{3})^2 = 3$.

b) Quel que soit le nombre positif a, $\sqrt{a^2} = a$.

→ $\sqrt{2^2}$ désigne le nombre positif dont le carré est 2^2. Ce nombre est donc 2; $\sqrt{2^2} = 2$.
$\sqrt{3^2}$ désigne le nombre positif dont le carré est 3^2. Ce nombre est donc 3; $\sqrt{3^2} = 3$.

Théorèmes

Quels que soient les nombres positifs *a* et *b*,
$\boldsymbol{\sqrt{a} \times \sqrt{b} = \sqrt{a \times b}}$.

→ $\sqrt{2} \times \sqrt{18} = \sqrt{36} = 6$; $\sqrt{20} \times \sqrt{5} = \sqrt{100} = 10$.

Quels que soient les nombres positifs *a* et *b* (avec $b \neq 0$),
$\boldsymbol{\dfrac{\sqrt{a}}{\sqrt{b}} = \sqrt{\dfrac{a}{b}}}$.

→ $\dfrac{\sqrt{8}}{\sqrt{2}} = \sqrt{\dfrac{8}{2}} = \sqrt{4} = 2$; $\dfrac{\sqrt{27}}{\sqrt{3}} = \sqrt{\dfrac{27}{3}} = \sqrt{9} = 3$.

10. PUISSANCES

Définition, notation

Soit *a* un nombre quelconque. On appelle puissance de *a* tout produit de facteurs où tous les facteurs sont égaux à *a*.

■ $a \times a$ est la puissance deuxième de a ou carré de a; elle se note a^2 qui se lit : « a à la puissance deux » ou : « a au carré »;

■ $a \times a \times a$ est la puissance troisième de a ou cube de a; elle se note a^3 qui se lit : « a à la puissance trois » ou : « a au cube »;

■ $a \times a \times a \times a$ est la puissance quatrième de a et se note a^4 qui se lit : « a à la puissance quatre »;
etc.

■ Dans a^2, a^3, a^4, etc., l'entier naturel écrit en haut et à droite de la lettre a s'appelle l'**exposant :** l'exposant est le nombre de facteurs égaux à a.

→ $(-3)^2 = (-3) \times (-3) = +9$;

$$\left(-\frac{2}{5}\right)^3 = \left(-\frac{2}{5}\right) \times \left(-\frac{2}{5}\right) \times \left(-\frac{2}{5}\right) = -\frac{8}{125}.$$

La table jointe en annexe, page 180, donne les carrés et les cubes des entiers de 1 à 100.

Exposant égal à 1 ou à 0

Par définition :
Quel que soit le nombre a : $a^1 = a$.
Quel que soit le nombre a non nul : $a^0 = 1$.

→ $(2{,}9)^1 = 2{,}9$; $\left(-\frac{3}{4}\right)^1 = -\frac{3}{4}$;

$$(-8)^0 = 1; \quad \left(\frac{2}{7}\right)^0 = 1.$$

Calculs sur les puissances

On retiendra que :

$x^m \times x^n \times x^p = x^{m+n+p}$

$(x \times y \times z)^n = x^n \times y^n \times z^n$

$\left(\frac{x}{y}\right)^n = \frac{x^n}{y^n}$

$(x^m)^n = x^{mn}$.

Puissances de 10 d'exposants négatifs

n désignant un entier naturel non nul, on pose : $10^{-n} = \frac{1}{10^n}$.

→ $10^{-1} = \frac{1}{10^1} = \frac{1}{10} = 0{,}1$

$10^{-2} = \frac{1}{10^2} = \frac{1}{100} = 0{,}01$

$10^{-3} = \frac{1}{10^3} = \frac{1}{1\,000} = 0{,}001$

etc.

11. IDENTITÉS REMARQUABLES

a et b désignant des nombres quelconques :

$\mathbf{(a+b)^2 = a^2 + 2ab + b^2}$

$\mathbf{(a-b)^2 = a^2 - 2ab + b^2}$.

$\mathbf{(a+b)(a-b) = a^2 - b^2}$.

Utilisation des identités

■ *Développer*

$(2x+1)^2 = 4x^2 + 4x + 1$.

$\left(a+\frac{3}{2}\right)^2 = a^2 + 3a + \frac{9}{4}$.

$(x-3y)^2 = x^2 - 6xy + 9y^2$.

$(3a^2 - 2a)^2 = 9a^4 - 12a^3 + 4a^2$.

$(3x+5)(3x-5) = 9x^2 - 25$.

$\left(\frac{2}{3}x + \frac{3}{7}\right)\left(\frac{2}{3}x - \frac{3}{7}\right) = \frac{4}{9}x^2 - \frac{9}{49}$.

■ *Factoriser*

$9a^2 - 30a + 25 = (3a-5)^2$.

$\frac{1}{25} + 2a + 25a^2 = \left(\frac{1}{5} + 5a\right)^2$.

$a^4 - 16 = (a^2+4)(a^2-4)$.

$4x^2 - x + \frac{1}{16} = \left(2x - \frac{1}{4}\right)^2$.

$\frac{a^2}{9} - \frac{b^2}{4} = \left(\frac{a}{3} + \frac{b}{2}\right)\left(\frac{a}{3} - \frac{b}{2}\right)$.

$4x^4 + 20x^2y^2 + 25y^4 = (2x^2 + 5y^2)^2$.

12. ÉQUATIONS ET INÉQUATIONS DU PREMIER DEGRÉ À UNE INCONNUE

Équations du premier degré

Soit l'égalité :

$$\frac{3x+1}{2}+\frac{1}{8}=\frac{x-3}{4}-3. \qquad (1)$$

Résoudre l'équation (1), c'est déterminer l'ensemble des nombres x qui vérifient l'égalité (1).
Tout nombre x qui vérifie (1) est appelé **solution** de l'équation.

Résolution d'une équation

Deux équations sont dites **équivalentes** si elles admettent les mêmes solutions.
On utilise les théorèmes suivants :

Théorèmes

A. Si l'on multiplie ou si l'on divise les deux membres d'une équation par un même nombre non nul, on obtient une équation équivalente.

B. Si l'on fait passer un terme d'un membre dans l'autre en changeant son signe (on dit que l'on transpose ce terme), on obtient une équation équivalente.

Réduisons tous les termes de (1) au même dénominateur :

$$\frac{4(3x+1)}{8}+\frac{1}{8}=\frac{2(x-3)}{8}-\frac{24}{8}. \qquad (2)$$

— Appliquons le théorème A en multipliant les deux membres de l'équation (2) par 8.
On obtient l'équation (3) équivalente à (2) :

$$4(3x+1)+1=2(x-3)-24; \qquad (3)$$

$$12x+4+1=2x-6-24;$$

$$12x+5=2x-30. \qquad (4)$$

— Appliquons le théorème B en isolant les termes en x dans le premier membre. On obtient l'équation (5) équivalente à l'équation (4) :

$$12x-2x=-30-5; \qquad (5)$$
$$10x=-35. \qquad (6)$$

— Appliquons le théorème A en divisant les deux membres de l'équation (6) par 10. On obtient l'équation suivante équivalente à l'équation (6) :

$$x=-3{,}5. \qquad (7)$$

L'équation (7) admet comme unique solution $-3{,}5$. Il en est de même de l'équation (1).

Équation impossible

$$-x-9+5x=-3x+4+7x; \qquad (1)$$

$$4x-9=4x+4; \quad 4x-4x=4+9; \quad 0x=13.$$

Quelle que soit la valeur attribuée à x, $0x$ vaut 0 et n'est pas égal à 13. **L'équation (1) n'admet aucune solution. On dit qu'elle est impossible.**

Équation indéterminée

$$4x-\frac{1}{3}-13x=-11x-1+2x+\frac{2}{3}; \qquad (1)$$

$$-9x-\frac{1}{3}=-9x-1+\frac{2}{3}; \quad -9x+9x=-1+\frac{2}{3}+\frac{1}{3}; \quad 0x=0.$$

Quelle que soit la valeur k attribuée à x, $0x$ vaut 0 et k est donc solution de l'équation (1).

Tout nombre est solution de l'équation (1). On dit que cette équation est indéterminée.

Équations se ramenant à des équations du premier degré

$(x-3)(4x^2-25)=0;$ (1)

$(x-3)(2x+5)(2x-5)=0.$

Un produit est nul si et seulement si l'un au moins des facteurs de ce produit est nul.
Par suite, $(x-3)(2x+5)(2x-5)=0$ si et seulement si $x-3=0$, ou $2x+5=0$, ou $2x-5=0$.
D'où les trois solutions de l'équation (1) :

$$x=3, \quad x=-\frac{5}{2}, \quad x=\frac{5}{2}.$$

Inéquations du premier degré

$$\frac{3x+1}{2}+\frac{1}{8}>\frac{x-3}{4}-3. \qquad (1)$$

Résoudre l'inéquation (1), c'est déterminer l'ensemble des nombres x qui vérifient l'inégalité (1). Tout nombre x qui vérifie (1) est appelé **solution** de l'inéquation.

Résolution de l'inéquation

Deux inéquations sont dites **équivalentes** si elles admettent les mêmes solutions.

On utilise les théorèmes suivants :

Théorèmes

A. Si l'on multiplie ou si l'on divise les deux membres d'une inéquation par un même nombre k non nul, on obtient une inéquation équivalente (à condition de changer le sens de l'inéquation lorsque k est négatif).

B. Si l'on fait passer un terme d'un membre dans l'autre en changeant son signe (on dit que l'on transpose ce terme), on obtient une inéquation équivalente.

- $\frac{4(3x+1)}{8}+\frac{1}{8}>\frac{2(x-3)}{8}-\frac{24}{8}$

(réduction au même dénominateur);

- $4(3x+1)+1>2(x-3)-24$

(multiplication des membres par 8 : théorème A);

$12x+4+1>2x-6-24$;

$12x+5>2x-30$;

- $12x-2x>-30-5$ (transpositions : théorème B);

$10x>-35$;

- $x>-3{,}5$ (division des membres par 10 : théorème A).

Les solutions de l'inéquation (1) sont les nombres appartenant à l'intervalle $]-3{,}5; +\infty[$.
On utilise la droite graduée pour représenter cet ensemble de nombres (on raye la partie de la droite qui ne convient pas) :

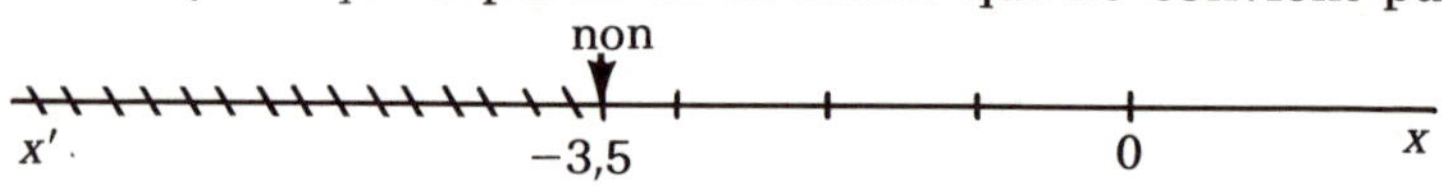

Système d'inéquations du premier degré

Problème : *Résoudre le système suivant :*

$$\begin{cases} 5x+4 \leqslant 2x+10 & (1) \\ 5(x+2) > -x-8 & (2) \end{cases}$$

Il s'agit de déterminer l'ensemble S des nombres x vérifiant à la fois l'inéquation (1) et l'inéquation (2).
Soit S_1 l'ensemble des solutions de (1) et S_2 l'ensemble des solutions de (2).
Déterminons S_1 : $5x+4 \leqslant 2x+10$; $5x-2x \leqslant 10-4$; $3x \leqslant 6$; $x \leqslant 2$.
Déterminons S_2 : $5(x+2) > -x-8$; $5x+10 > -x-8$;
$5x+x > -8-10$; $6x > -18$; $x > -3$.

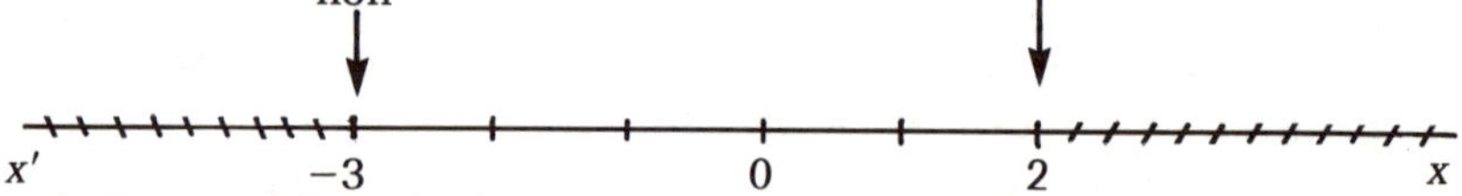

Les nombres x qui sont solutions du système vérifient : $-3 < x \leqslant 2$.
On a : $S =]-3; 2]$.

13. PROPORTIONNALITÉ

Suites proportionnelles

■ On dispose d'un rouleau de fil de cuivre. Le mètre de fil a une masse de 26 g. Le tableau suivant donne les masses correspondant à certaines longueurs de fil.

Tableau A

Longueur ℓ du fil (en m)	1	2	4	4,5	6	8	↓ × 26
Masse M (en g)	26	52	104	117	156	208	

■ On vend des oranges 5,5 F le kilogramme. Le tableau suivant donne les prix correspondant à certaines quantités.

Tableau B

Masse M (en kg)	1	3	3,5	4	7	8	↓ × 5,5
Prix p (en F)	5,5	16,5	19,25	22	38,5	44	

■ Le litre d'huile d'olive a une masse de 0,92 kg. Le tableau suivant donne les masses correspondant à certains volumes.

Tableau C

Volume V (en ℓ)	1	2	2,5	3	5	8	↓ × 0,92
Masse M (en kg)	0,92	1,84	2,3	2,76	4,6	7,36	

Dans chaque tableau (A, B ou C), on passe d'un nombre de la première suite (ligne du haut) au nombre correspondant de la deuxième suite (ligne du bas) en multipliant par un même nombre a :

— $a = 26$ pour le tableau A où l'on a : $M = \ell \times 26$;

— $a = 5{,}5$ pour le tableau B où l'on a : $p = M \times 5{,}5$;

— $a = 0{,}92$ pour le tableau C où l'on a : $M = V \times 0{,}92$.

On dit que les deux suites de chaque tableau sont **proportionnelles** et que le nombre a, qui permet de passer de la première suite (ligne du haut) à la deuxième (ligne du bas), est le **coefficient de proportionnalité.**

Propriétés

■ Si le nombre x a pour correspondant x', alors le nombre $x \times k$ a pour correspondant $x' \times k$.

→

Voir tableau A :	Voir tableau B :	Voir tableau C :
$2 \xrightarrow{\times 3} 6$	$4 \xrightarrow{\times 2} 8$	$2 \xrightarrow{\times 4} 8$
$52 \xrightarrow{\times 3} 156$	$22 \xrightarrow{\times 2} 44$	$1{,}84 \xrightarrow{\times 4} 7{,}36$

■ Si les nombres x et y ont pour correspondants respectifs x' et y', alors le nombre $x + y$ a pour correspondant le nombre $x' + y'$.

→

Voir tableau A :			Voir tableau B :			Voir tableau C :		
2	⊕ 4	6	3	⊕ 4	7	3	⊕ 5	8
52	⊕ 104	156	16,5	⊕ 22	38,5	2,76	⊕ 4,6	7,36

■ Si les nombres x et y ont pour correspondants respectifs x' et y', alors $x \times y' = x' \times y$.

Voir tableau A :		Voir tableau B :		Voir tableau C :	
2	4,5	3	8	2,5	3
52	117	16,5	44	2,3	2,76

$2 \times 117 = 234$ | $3 \times 44 = 132$ | $2{,}5 \times 2{,}76 = 6{,}9$

$52 \times 4{,}5 = 234$ | $16{,}5 \times 8 = 132$ | $2{,}3 \times 3 = 6{,}9$

Les produits « en croix » sont égaux.

Quatrième proportionnelle

Problème : *La masse de 3,8 ℓ de lait est 3914 g.*

1. *Quelle est la masse (en g) de 5,3 ℓ de lait?*
2. *Quel est le volume (en ℓ) de 6386 g de lait?*

On peut poser le problème ainsi :

Volume (en ℓ)	3,8	5,3	V
Masse (en g)	3914	M	6386

■ On peut utiliser les **produits « en croix »** :

Calcul de M

$3,8 \times M = 3914 \times 5,3$

$M = \dfrac{3914 \times 5,3}{3,8}$

$M = 5459$

Calcul de V

$3914 \times V = 3,8 \times 6386$

$V = \dfrac{3,8 \times 6386}{3914}$

$V = 6,2$

■ On peut faire des **« règles de trois »**.

a) **Calcul de M**

Masse (en g) de 1 ℓ de lait : $\dfrac{3914}{3,8}$.

Masse (en g) de 5,3 ℓ de lait : $\dfrac{3914}{3,8} \times 5,3 = \dfrac{3914 \times 5,3}{3,8} = 5459$.

Règle de trois : 3914 g pour 3,8 ℓ de lait; pour 1 ℓ de lait, on divise 3914 par 3,8; pour 5,3 ℓ, on multiplie par 5,3.

b) **Calcul de V**

Volume (en ℓ) de 1 g de lait : $\dfrac{3,8}{3914}$.

Volume (en ℓ) de 6386 g de lait :

$\dfrac{3,8}{3914} \times 6386 = \dfrac{3,8 \times 6386}{3914} = 6,2$.

Règle de trois : 3,8 ℓ pour 3914 g de lait; pour 1 g de lait, on divise 3,8 par 3914; pour 6386 g, on multiplie par 6386.

14. POURCENTAGES

Définition

Prendre t % d'un nombre, c'est multiplier ce nombre par $\frac{t}{100}$.

t % se lit : « t pour cent ». Le nombre t est le **taux** du pourcentage.
Voici quelques exemples :

- Le bénéfice b est égal à 23 % du prix de vente v :

⟶ $b = v \times \frac{23}{100} = v \times 0{,}23.$

- La remise accordée r est égale à 35 % du prix affiché p :

⟶ $r = p \times \frac{35}{100} = p \times 0{,}35.$

- La superficie v du verger est égale à 40 % de la superficie c du champ :

⟶ $v = c \times \frac{40}{100} = c \times 0{,}4.$

- Au restaurant, le service à payer s est égal à 15 % du montant net m de la note :

⟶ $s = m \times \frac{15}{100} = m \times 0{,}15.$

- La masse c du cuivre dans un alliage est égale à 75 % de la masse a de l'alliage :

⟶ $c = a \times \frac{75}{100} = a \times 0{,}75.$

■ Le montant i des intérêts annuels est égal à 6,25 % du capital placé c :

$$\longrightarrow \quad i = c \times \frac{6{,}25}{100} = c \times 0{,}0625.$$

Calculs

Le nombre y est égal à t % du nombre x si $y = x \times \frac{t}{100}$.

Connaissant deux des trois nombres x, y, t, on se propose de calculer le troisième.

1. *Un commerçant brade ses stocks avec des rabais de 30 % sur les prix affichés.*
Quel est le rabais si le prix affiché est 230 F?
Quel est le prix affiché si le rabais est 75 F?

On peut poser le problème ainsi :

Prix affiché (en F)	100	230	p	$\downarrow \times \frac{30}{100}$
Montant du rabais (en F)	30	r	75	

a) *Première solution*
On passe d'un nombre de la ligne du haut au nombre correspondant de la ligne du bas en multipliant par $\frac{30}{100}$ c'est-à-dire par 0,3.

Calcul de r : $r = 230 \times 0{,}3$; $r = 69$.

Calcul de p : $p \times 0{,}3 = 75$; $p = \frac{75}{0{,}3}$; $p = 250$.

b) *Deuxième solution*
On utilise les produits « en croix », ce qui revient à faire des règles de trois.

Calcul de r

$100 \times r = 30 \times 230$;

$r = \frac{30 \times 230}{100}$;

$r = 69$.

Calcul de p

$30 \times p = 100 \times 75$;

$p = \frac{100 \times 75}{30}$

$p = 250$.

2. *Un marchand de meubles a acheté un lot de fauteuils 32 800 F et il a revendu cet ensemble en faisant un bénéfice global de 5 904 F. Quel pourcentage du prix d'achat représente le bénéfice?*

On peut poser le problème ainsi :

Prix d'achat (en F)	32 800	100	
Bénéfice (en F)	5 904	t	$\downarrow \times \frac{t}{100}$

a) *Première solution*
On utilise des produits « en croix », ce qui revient à faire une règle de trois :

$$32\,800 \times t = 5\,904 \times 100; \quad t = \frac{5\,904 \times 100}{32\,800}; \quad t = 18.$$

b) *Deuxième solution*

$$32\,800 \times \frac{t}{100} = 5\,904; \quad 32\,800 \times t = 5\,904 \times 100;$$

$$t = \frac{5\,904 \times 100}{32\,800}; \ t = 18.$$

Le bénéfice est égal à 18 % du prix d'achat.

15. PLANS, CARTES, ÉCHELLE

Échelle

Sur un plan ou une carte, on représente le terrain (habitations, rivières, rues, routes, voies ferrées, etc.). On opère une réduction sur les longueurs.
Le coefficient de proportionnalité permettant de passer des mesures des longueurs sur le terrain aux mesures des longueurs sur le plan ou la carte est appelé échelle (les longueurs étant mesurées avec la même unité sur le terrain et sur le plan ou la carte).

■ Si un plan est fait à l'échelle $\frac{1}{10\,000}$, on passe des dimensions sur le terrain aux dimensions sur le plan en multipliant par $\frac{1}{10\,000}$, c'est-à-dire en divisant par 10 000.

→ 1 mm sur le plan correspond à 10 000 mm ou 10 m sur le terrain,
1 cm sur le plan correspond à 10 000 cm ou 100 m sur le terrain.

■ Si une carte est faite à l'échelle $\frac{1}{200\,000}$, on passe des dimensions sur le terrain aux dimensions sur la carte en multipliant par $\frac{1}{200\,000}$, c'est-à-dire en divisant par 200 000.

⟶ 1 mm sur la carte correspond à 200 000 mm ou 200 m sur le terrain,
1 cm sur la carte correspond à 200 000 cm ou 2 km sur le terrain.

Calculs

Si L et ℓ désignent respectivement, avec la même unité, les mesures de deux longueurs qui se correspondent sur le terrain et sur le plan (ou la carte), on a : $L \times e = \ell$, où e désigne l'échelle.

Connaissant deux des trois nombres L, ℓ ou e, on se propose de calculer le troisième.

1. *On dispose d'une carte au* $\frac{1}{200\,000}$.

Quelle longueur (en cm) correspond sur la carte à une longueur de 11 *km sur le terrain?*

11 km = 1 100 000 cm; 1 100 000 : 200 000 = 5,5.
Réponse : 5,5 cm.

Quelle longueur (en km) sur le terrain correspond à une longueur de 3,5 *cm sur la carte?*

$3,5 \times 200\,000 = 700\,000$.
Réponse : 700 000 cm ou 7 km.

2. 3,2 *cm sur la carte correspondent à* 4,8 *km sur le terrain. Quelle est l'échelle de la carte?*

4,8 km = 480 000 cm.

L'échelle est toujours donnée sous la forme $\frac{1}{K}$ où K est un entier naturel. On peut poser le problème ainsi :

Sur le terrain (en cm)	480 000	K	$\downarrow \times \frac{1}{K}$
Sur la carte (en cm)	3,2	1	

L'égalité des produits « en croix » permet d'écrire :

$$3,2 \times K = 480\,000 \times 1; \quad K = \frac{480\,000}{3,2}; \quad K = 150\,000.$$

La carte est faite à l'échelle $\frac{1}{150\,000}$.

16. APPLICATIONS LINÉAIRES, APPLICATIONS AFFINES

Applications linéaires

Définition

On appelle application linéaire toute application de $\mathbb{R}$ dans $\mathbb{R}$ qui à x associe ax (a, nombre donné, est le coefficient de l'application linéaire)*.

→ $f : \mathbb{R} \longrightarrow \mathbb{R}$, $x \longmapsto 4x$ $g : \mathbb{R} \longrightarrow \mathbb{R}$, $x \longmapsto -\frac{1}{3}x$ $h : \mathbb{R} \longrightarrow \mathbb{R}$, $x \longmapsto 0$.

Les applications f, g, h sont des applications linéaires.

Propriétés

■ Toute application linéaire f possède les propriétés suivantes :
Quels que soient les nombres x, y et k :

$\boldsymbol{f(x+y)=f(x)+f(y)}$;

$\boldsymbol{f(k \times x)=k \times f(x)}$.

■ Réciproquement, toute application de $\mathbb{R}$ dans $\mathbb{R}$ qui possède ces propriétés est une application linéaire.

Sens de variation

L'application linéaire qui à x associe le nombre ax (a nombre donné) est :
— strictement croissante sur $\mathbb{R}$ si a est strictement positif,
— strictement décroissante sur $\mathbb{R}$ si a est strictement négatif,
— constante sur $\mathbb{R}$ si a est nul.

---

* $\mathbb{R}$ désigne l'ensemble des nombres réels.

Représentation graphique

Soit f l'application linéaire qui à x associe y tel que $y = ax$ (a nombre donné).

Le plan étant rapporté à un repère $(O, \vec{i}, \vec{j})$, la représentation graphique de cette application f est une droite (D) passant par O.

$y = ax$ est une équation de cette droite (D).

Le nombre a est appelé **coefficient directeur** de la droite (D).

Voici quelques représentations graphiques.

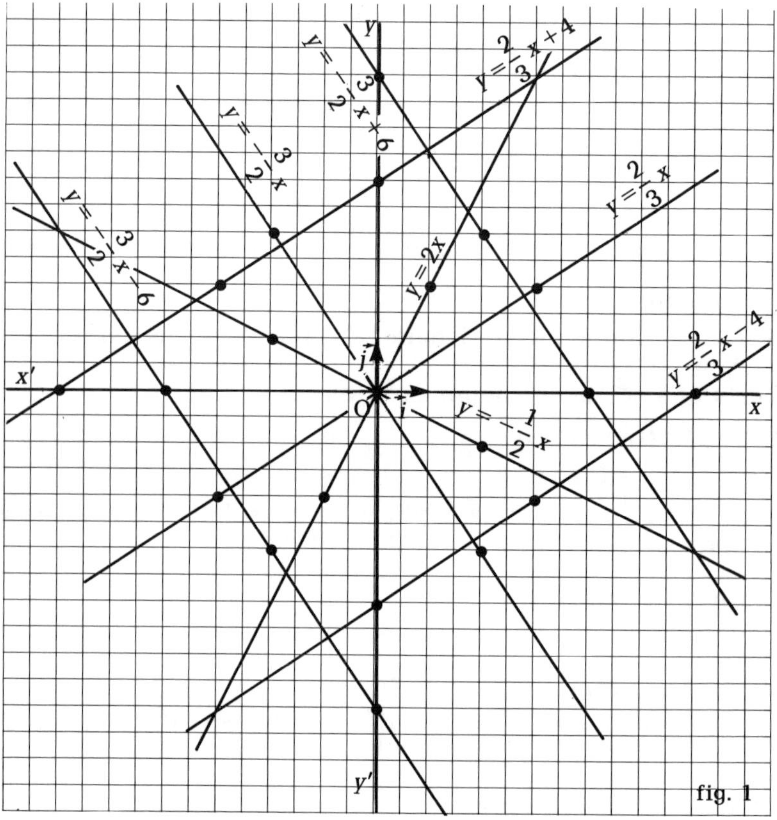

fig. 1

→ Sur la figure ci-contre sont représentées les applications linéaires suivantes:

$i : \mathbb{R} \longrightarrow \mathbb{R}$, $x \longmapsto 2x$ | $j : \mathbb{R} \longrightarrow \mathbb{R}$, $x \longmapsto -\frac{1}{2}x$

$k : \mathbb{R} \longrightarrow \mathbb{R}$, $x \longmapsto \frac{2}{3}x$ | $\ell : \mathbb{R} \longrightarrow \mathbb{R}$, $x \longmapsto -\frac{3}{2}x.$

Ces représentations graphiques sont les droites d'équations :

$y=2x$ (pour i), $y=-\frac{1}{2}x$ (pour j),

$y=\frac{2}{3}x$ (pour k), $y=-\frac{3}{2}x$ (pour ℓ).

Orthogonalité

Le plan étant rapporté à un repère orthonormal, les droites d'équations $y=ax$ et $y=a'x$ sont orthogonales si et seulement si le produit de leurs coefficients directeurs est égal à -1 : $aa'=-1$.

→ Voir à la figure 1 les droites d'équations $y=2x$ et $y=-\frac{1}{2}x$, les droites d'équations $y=\frac{2}{3}x$ et $y=-\frac{3}{2}x$.

Applications affines

Définition

On appelle application affine toute application f de $\mathbb{R}$ dans $\mathbb{R}$ qui à x associe $ax+b$ (a et b sont deux nombres donnés).

Remarques

— Si $b=0$, f est une application linéaire.

— Si $a=0$, f est une application constante : $f(x)=b$.

Sens de variation

L'application affine qui à x associe le nombre $ax+b$ (a et b nombres donnés) est

— strictement croissante sur $\mathbb{R}$ si a est strictement positif,

— strictement décroissante sur $\mathbb{R}$ si a est strictement négatif,

— constante sur $\mathbb{R}$ si a est nul.

Représentation graphique

Soit f l'application affine de $\mathbb{R}$ dans $\mathbb{R}$ qui à x associe y tel que $y = ax + b$ (a et b nombres donnés).
Le plan étant rapporté à un repère $(O, \vec{i}, \vec{j})$, la représentation graphique de cette application f est une droite (D).
$y = ax + b$ est une équation de cette droite (D).
Le nombre a est appelé **coefficient directeur** de la droite (D).
La droite (D) coupe l'axe des ordonnées au point d'ordonnée b. Le nombre b est appelé **ordonnée à l'origine** de (D).

→ Sur la figure (p. 58) sont représentées les applications affines suivantes :

$$m : \mathbb{R} \longrightarrow \mathbb{R}, \quad x \longmapsto \frac{2}{3}x + 4 \qquad n : \mathbb{R} \longrightarrow \mathbb{R}, \quad x \longmapsto \frac{2}{3}x - 4$$

$$p : \mathbb{R} \longrightarrow \mathbb{R}, \quad x \longmapsto -\frac{3}{2}x + 6 \qquad q : \mathbb{R} \longrightarrow \mathbb{R}, \quad x \longmapsto -\frac{3}{2}x - 6$$

Ces représentations graphiques sont les droites d'équations :

$y = \frac{2}{3}x + 4$ (pour m), $y = \frac{2}{3}x - 4$ (pour n),

$y = -\frac{3}{2}x + 6$ (pour p), $y = -\frac{3}{2}x - 6$ (pour q).

Parallélisme

Le plan étant rapporté à un repère $(O, \vec{i}, \vec{j})$, les droites d'équations $y = ax + b$ et $y = a'x + b'$ sont parallèles si et seulement si elles ont même coefficient directeur : $a = a'$.

→ Voir sur la figure (p. 58) les trois droites d'équations $y = \frac{2}{3}x + 4$, $y = \frac{2}{3}x$, $y = \frac{2}{3}x - 4$ et aussi les trois droites d'équations $y = -\frac{3}{2}x + 6$, $y = -\frac{3}{2}x$, $y = -\frac{3}{2}x - 6$.

Orthogonalité

Le plan étant rapporté à un repère orthonormal $(O, \vec{i}, \vec{j})$, les droites d'équations $y = ax + b$ et $y = a'x + b'$ sont orthogonales si et seulement si le produit de leurs coefficients directeurs est égal à -1 : $aa' = -1$.

→ Voir sur la figure (p. 58) les droites d'équations $y = -\frac{3}{2}x - 6$ et $y = \frac{2}{3}x - 4$, les droites d'équations $y = \frac{2}{3}x + 4$ et $y = -\frac{3}{2}x + 6$. Il y a, sur cette figure, d'autres droites orthogonales.

17. ÉQUATIONS DU PREMIER DEGRÉ A DEUX INCONNUES

Équation du premier degré à deux inconnues

$-6y - 2x + 12 = 8y + 9 - 16y - 6x + 1.$ (1)

Résoudre l'équation (1), c'est déterminer l'ensemble des couples de nombres (x, y) qui vérifient cette égalité. Chacun de ces couples est appelé **solution** de l'équation.

Résolution de l'équation (1)

Deux équations sont équivalentes si elles ont le même ensemble de solutions.

Théorèmes

Les théorèmes sur les équations du premier degré à une inconnue sont applicables aux équations du premier degré à deux inconnues.

$-6y - 2x + 12 = 8y + 9 - 16y - 6x + 1;$ (1)

$-2x - 6y + 12 = -6x - 8y + 10;$

$-6y + 8y = -6x + 2x + 10 - 12;$

$2y = -4x - 2;$

$y = -2x - 1.$

D'où l'ensemble des solutions de (1) : c'est l'ensemble S des couples (x, y) de nombres où x est un nombre quelconque et où $y = -2x - 1$.

Voici quelques couples solutions de (1) : $(-3; 5)$; $(-2; 3)$; $(-1; 1)$; $(0; -1)$; $(1; -3)$; $(2; -5)$.

Il y a une infinité de solutions.

Représentation graphique des solutions

Le plan étant rapporté à un repère $(O, \vec{i}, \vec{j})$, $y = -2x - 1$ est l'une des équations d'une droite (D).
On a tracé cette droite (D) (fig. 1) en choisissant des couples solutions définis ci-dessus. La droite (D) est l'ensemble des points du plan dont les coordonnées vérifient l'équation (1).

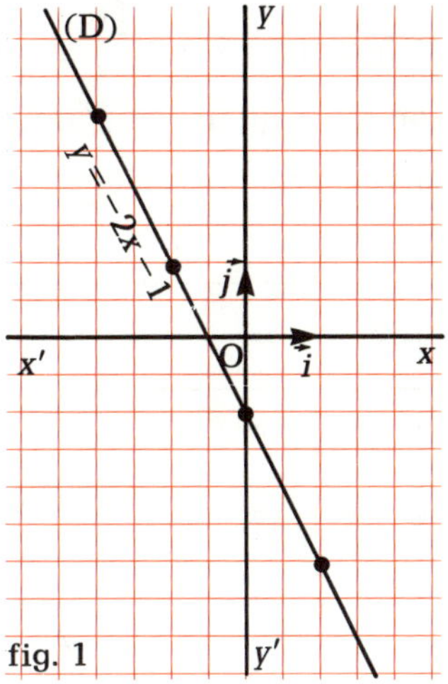

fig. 1

Système d'équations du premier degré à deux inconnues

$$(\mathrm{I}) \begin{cases} 2x - y + 4 = 0 & (1) \\ x - 2y - 1 = 0 & (2) \end{cases}$$

Résoudre le système (I), c'est déterminer l'ensemble des couples de nombres (x, y) qui vérifient à la fois l'équation (1) et l'équation (2). Chacun de ces couples est une **solution** du système (I).

Résolution graphique

Le système (I) peut s'écrire :

$$(\mathrm{I'}) \begin{cases} y = 2x + 4 & (1') \\ y = \dfrac{x}{2} - \dfrac{1}{2} & (2') \end{cases}$$

Le plan étant rapporté à un repère $(O, \vec{i}, \vec{j})$, (1′) et (2′) sont des équations de droites.
L'équation (1′) est l'une des équations d'une droite (D_1).
L'équation (2′) est l'une des équations d'une droite (D_2).
Tout point M de coordonnées x et y vérifiant le système (I) appartient à la fois aux deux droites (D_1) et (D_2).
Tout point commun à (D_1) et (D_2) a des coordonnées vérifiant le système (I).
Les droites (D_1) et (D_2) ayant des coefficients directeurs

différents $\left(2 \text{ et } \frac{1}{2}\right)$ sont des droites sécantes qui n'ont en commun qu'un seul point M.

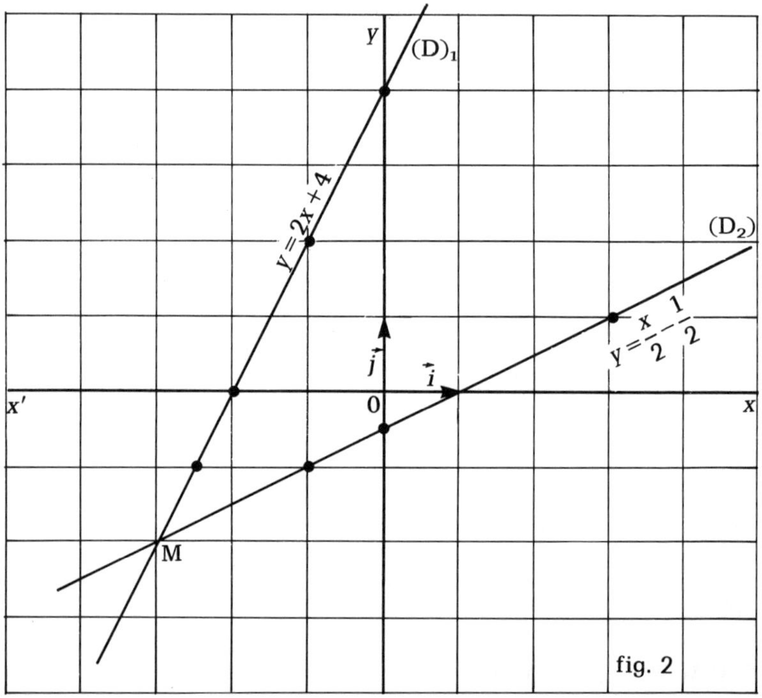

fig. 2

Sur la figure ci-dessus, on a placé quelques points de (D_1) :

x	$-2{,}5$	-2	-1	0
y	-1	0	2	4

et quelques points de (D_2) :

x	-1	0	1	3
y	-1	$-0{,}5$	0	1

On lit les coordonnées de M :

$x = -3$ et $y = -2$.

Le couple $(-3; -2)$ est l'unique solution du système (I).

Résolution algébrique

Méthode par substitution

On exprime l'une des inconnues en fonction de l'autre dans l'une des équations et l'on reporte l'expression trouvée dans l'autre équation. On obtient ainsi une équation où ne figure qu'une seule inconnue.

$$\text{(I)}\quad \begin{cases} 2x - y + 4 = 0 & (1) \\ x - 2y - 1 = 0 & (2) \end{cases}$$

D'après l'équation (1) : $y = 2x + 4$.
En remplaçant y par $2x + 4$ dans l'équation (2), on obtient :

$x - 2(2x + 4) - 1 = 0$; $x - 4x - 8 - 1 = 0$; $-3x = 9$; $x = -3$.
$y = 2x + 4$; $y = -6 + 4$; $y = -2$.

D'où l'unique couple solution : $x = -3$, $y = -2$.

Méthode par addition (ou par combinaison)

On multiplie les deux membres de l'équation (1) par un nombre k et les deux membres de l'équation (2) par un nombre k'. On choisit k et k' de façon que, dans l'addition membre à membre, l'une des inconnues x ou y disparaisse.

$$\begin{cases} 2x - y + 4 = 0 & (1) \quad k = -2 \\ x - 2y - 1 = 0 & (2) \quad k' = 1 \end{cases} \qquad \begin{cases} -4x + 2y - 8 = 0 \\ \quad x - 2y - 1 = 0. \end{cases}$$

$-4x + x + 2y - 2y - 8 - 1 = 0$; $-3x - 9 = 0$; $-3x = 9$; $x = -3$.

Remplaçons x par -3 dans l'équation (1) :

$-6 - y + 4 = 0$; $-y - 2 = 0$; $-y = 2$; $y = -2$.

Système impossible

$$\text{(II)}\quad \begin{cases} 3x - 2y - 4 = 0 & (1) \\ 6x - 4y - 16 = 0 & (2) \end{cases}$$

Le système (II) peut s'écrire :

$$\text{(II')}\quad \begin{cases} y = \dfrac{3}{2}x - 2 & (1') \\[2ex] y = \dfrac{3}{2}x - 4 & (2') \end{cases}$$

Le plan étant rapporté à un repère $(O, \vec{i}, \vec{j})$, (1') et (2') sont des équations de deux droites (D_1) et (D_2) strictement parallèles, puisqu'elles ont même coefficient directeur $\frac{3}{2}$ et des ordonnées à l'origine différentes -2 et -4. Par suite, le système (II) n'admet aucune solution, il est impossible.

Système indéterminé

$$\text{(III)} \begin{cases} \frac{x}{2}+\frac{y}{6}-4=0 & (1) \\ 3x+y-24=0 & (2) \end{cases}$$

Le système (III) peut s'écrire :

$$\text{(III')} \begin{cases} y=-3x+24 & (1') \\ y=-3x+24 & (2') \end{cases}$$

Le système (III') se réduit à une seule équation $y=-3x+24$. Par suite, le système (III) admet une infinité de solutions (x, y) où x est un nombre quelconque et où $y=-3x+24$. On dit que le système (III) est indéterminé.

GÉOMÉTRIE

MESURES

1. ÉLÉMENTS DE GÉOMÉTRIE PLANE

Plan, points, droites

Présentation

Les surfaces d'un mur, d'une table, d'une eau tranquille, celles du plafond, d'un miroir, d'une vitre, sont des **portions de plan ou surfaces planes.**

La pointe d'un crayon bien taillé permet de marquer un **point** sur une feuille de papier.

Un point qui se déplace (la pointe d'un crayon sur une feuille de papier, par exemple) engendre une **ligne.**

Avec une règle, on peut tracer sur une surface plane des lignes qui sont des portions de **lignes droites.**

Tous les **objets physiques** que nous venons d'évoquer nous donnent l'idée d'**objets mathématiques** possédant les propriétés énoncées ci-après. On peut choisir certaines de ces propriétés comme axiomes (propriétés que l'on admet sans démonstration) et démontrer ensuite les autres comme conséquences des axiomes. Les points et les droites dont il s'agit sont des points et des droites d'un même plan P. Nous énonçons des propriétés de géométrie plane.

fig. 1

Propriétés

- Le plan contient une infinité de points.
- Une droite contient une infinité de points (fig. 1).

■ On peut tracer une infinité de droites dans le plan (fig. 2).

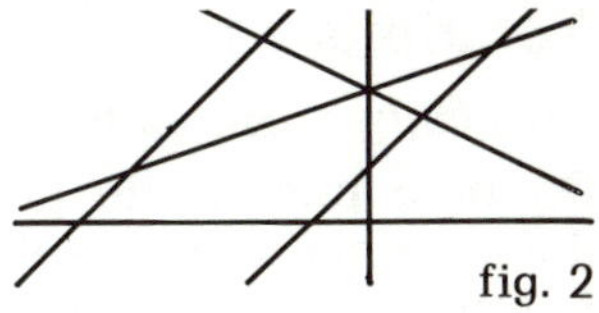

fig. 2

■ Si l'on trace une droite dans le plan, le plan contient d'autres points que ceux de cette droite (fig. 3).

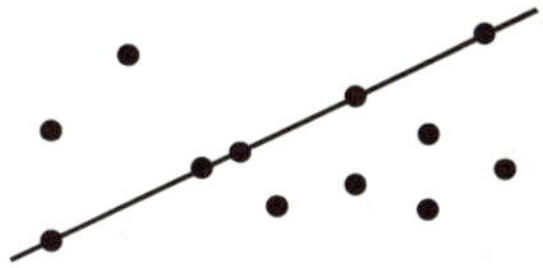

fig. 3

■ Par deux points distincts du plan, il passe une droite et une seule (fig. 4).
Tous les points de cette droite appartiennent au plan.

fig. 4

■ Par un point du plan passent une infinité de droites de ce plan (fig. 5).

■ Si deux droites ont deux points distincts communs, elles sont confondues (il s'agit d'une seule et même droite).

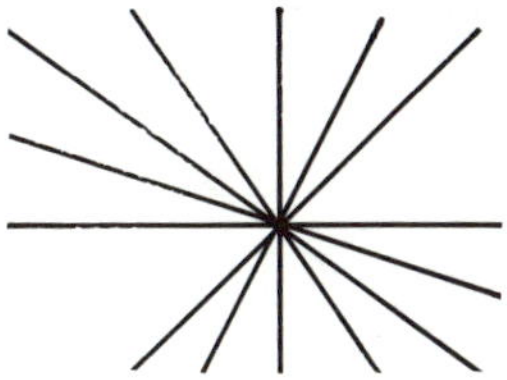

fig. 5

■ Pour deux droites distinctes du plan (droites non confondues), deux cas sont possibles :

fig. 6

a) elles n'ont **aucun point commun;** on dit alors qu'elles sont **strictement parallèles** (fig. 6);

b) elles ont **un point commun;** on dit alors qu'elles sont **sécantes** (fig. 7).

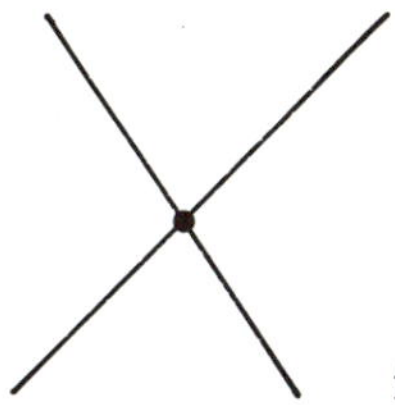

fig. 7

Deux droites **non sécantes** sont dites **parallèles.** Deux droites sont parallèles si elles sont **strictement parallèles** (elles n'ont aucun point commun) ou **confondues** (il s'agit d'une seule et même droite).

Notations

On désigne un point par une lettre : point A, point B, etc.

On note une droite par une seule lettre : droite (D), ou par deux points distincts de cette droite : droite (AB), ou par deux lettres placées aux extrémités de la portion de droite dessinée : droite *xy*.

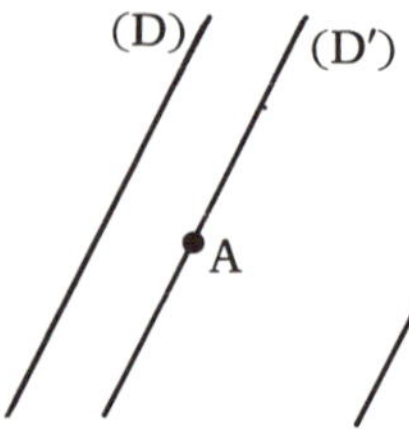

fig. 8

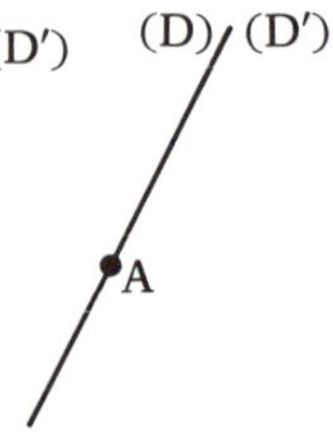

fig. 9

Parallélisme

Axiome d'Euclide

Soit (D) une droite du plan et A un point de ce plan (fig. 8 et 9).

Il existe une seule droite (D′) parallèle à (D) et passant par A.

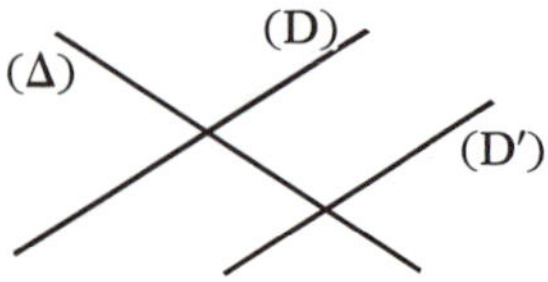

fig. 10

- Les droites (D) et (D′) étant parallèles (fig. 10), si la droite (Δ) est sécante à (D), alors elle est aussi sécante à (D′).

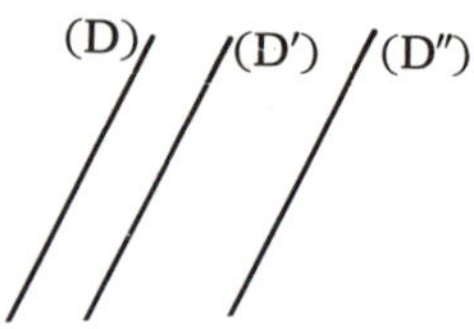

fig. 11

- Si la droite (D) est parallèle à la droite (D′) et si la droite (D′) est parallèle à la droite (D″), alors la droite (D) est parallèle à la droite (D″) (fig. 11).

Définition

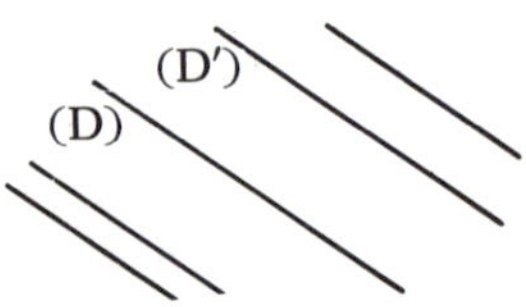

fig. 12

On appelle direction de la droite (D) l'ensemble de toutes les droites parallèles à (D) (fig. 12). Deux droites (D) et (D′) ont la même direction si elles sont parallèles.

Demi-droites, segments

Il y a deux sens de parcours sur une droite *xy* (fig. 13) :
— on passe en A avant de passer en B (sens de la flèche noire),
— on passe en B avant de passer en A (sens de la flèche rouge).

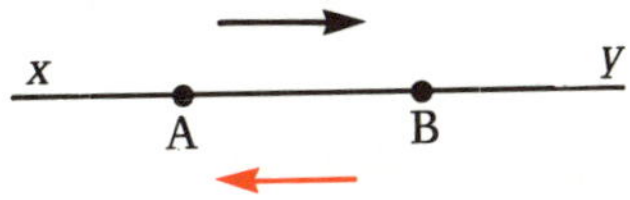

fig. 13

Dans la suite de ce paragraphe, on n'utilise que le sens de la flèche noire.

■ L'ensemble constitué par le point A et les points de la droite *xy* placés avant A est la demi-droite A*x*.
L'ensemble constitué par le point A et les points de la droite *xy* placés après A est la demi-droite A*y*.
Le point A est l'origine commune des demi-droites A*x* et A*y*.
B*x* et B*y* sont deux autres demi-droites d'origine B.

■ L'ensemble constitué par le point A, le point B et les points de la droite (*xy*) placés entre A et B est le segment d'extrémités A et B que l'on note [AB].

Demi-plans

La droite (D) de la figure 14 est la frontière commune à deux surfaces :
— la région I en rouge, frontière comprise, est un demi-plan de frontière (D);
— la région II en blanc, frontière comprise, est aussi un demi-plan de frontière (D).

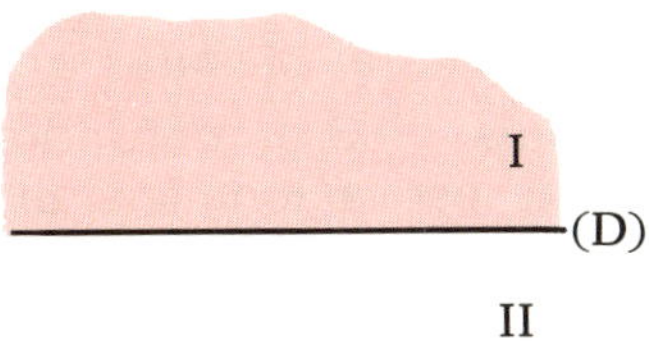

fig. 14

2. MESURE DES LONGUEURS

Unités légales de longueur

■ **L'unité principale de longueur est le mètre** (noté **m**).
Le mètre a été défini en 1795 comme la longueur de la dix-millionième partie du quart du méridien terrestre : on a donc décidé que la mesure en mètres d'un méridien terrestre est le nombre 40 000 000.
Le mètre étalon en platine iridié (alliage de platine et d'un autre métal appelé iridium) est déposé au Bureau international des Poids et Mesures à Sèvres.

Depuis 1983, la définition légale du mètre est la suivante : le mètre est la longueur du trajet parcouru dans le vide par la lumière pendant $\frac{1}{299\,792\,458}$ de seconde.

Multiples du mètre

Nom	Abréviation	Définition
kilomètre	km	1 000 m
hectomètre	hm	100 m
décamètre	dam	10 m

Sous-multiples du mètre

Nom	Abréviation	Définition
décimètre	dm	dixième partie du mètre
centimètre	cm	centième partie du mètre
millimètre	mm	millième partie du mètre

Chaque unité vaut dix fois l'unité immédiatement inférieure :
1 km = 10 hm, 1 hm = 10 dam, 1 dam = 10 m,
1 m = 10 dm, 1 dm = 10 cm, 1 cm = 10 mm.

Changement d'unité légale

La mesure d'une longueur avec une unité légale étant exprimée par un nombre décimal, **lorsqu'on change d'unité légale, la mesure est multipliée ou divisée par 10, 100, 1 000, etc., ce qui se traduit par un déplacement de la virgule dans le nombre.**

→ La longueur d'une table est de 1,74 m.

km	hm	dam	m	dm	cm	mm
0	0	0	1 ,	7	4	0
0	0	0	1	7	4	0 ,
0	0	0	1	7	4 ,	0
0	0	0	1	7 ,	4	0
0	0	0 ,	1	7	4	0

Voici la longueur de la table exprimée :

en m : 1,74
en mm : 1 740
en cm : 174
en dm : 17,4
en dam : 0,174

Distance d'un point M à un point N

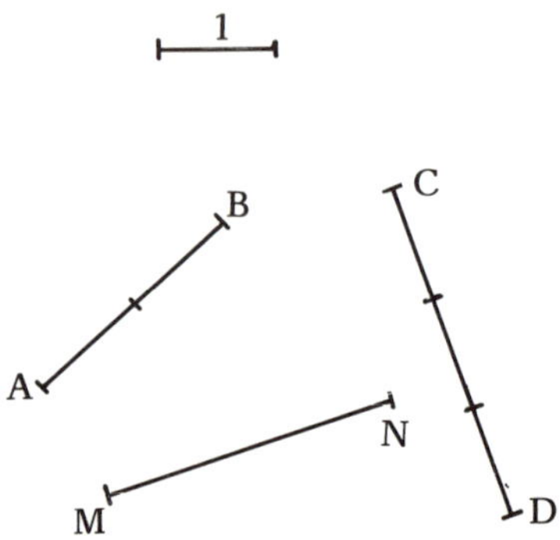

fig. 1

Définition

Une unité de longueur étant choisie (fig. 1), **la mesure de la longueur d'un segment [MN]** (notée MN) **est aussi appelée distance du point M au point N.**

Au lieu de noter MN cette mesure, on la note parfois ***d*(M, N),** ce qui se lit : « distance du point M au point N ».
fig. 1 : $d(A, B) = 2$; $d(C, D) = 3$.

Propriétés de la distance

- Quels que soient les points M et N, $d(M, N) = d(N, M)$.
- $d(M, N) = 0$ si et seulement si les points M et N sont confondus.
- A, B et C désignant trois points distincts du plan, on a :

  $d(A, B) + d(B, C) = d(A, C)$ si B est un point du segment [AC] (fig. 2),
  $d(A, B) + d(B, C) > d(AC)$ si B n'est pas un point du segment [AC] (fig. 3).

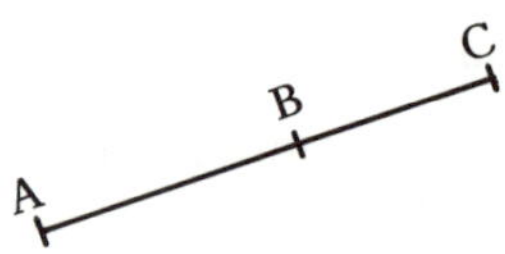

fig. 2

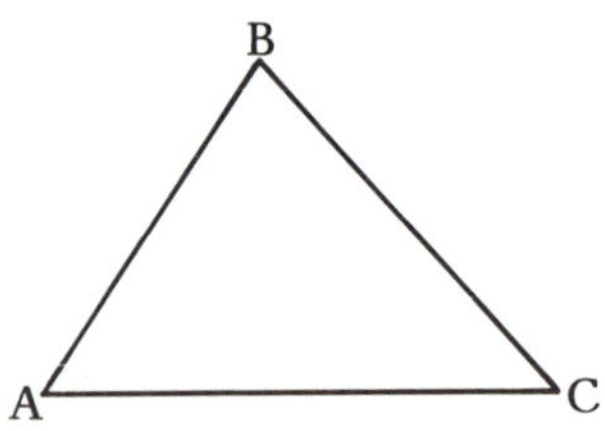

fig. 3

Quels que soient les points A, B, C :

$$d(A, B) + d(B, C) \geqslant d(A, C).$$

Cette inégalité est appelée inégalité triangulaire.

3. ANGLES, MESURE DES ANGLES

Secteurs angulaires ou angles

Deux demi-droites Ox et Oy de même origine O (fig. 1) limitent dans le plan deux régions. Sur la figure 1, l'une de ces régions est hachurée, l'autre est coloriée. Ces deux régions (frontière comprise) sont appelées **angles** ou **secteurs angulaires.** Les demi-droites Ox et Oy sont les deux **côtés** de chacun de ces angles, O est le sommet des deux angles.

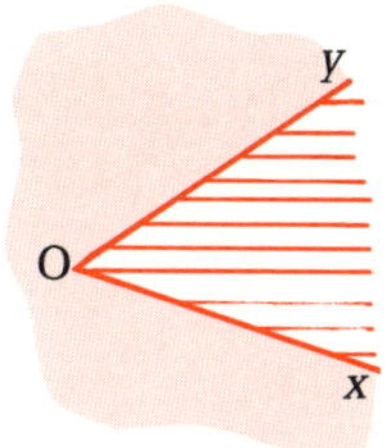

fig. 1

Angle saillant; angle rentrant

Un angle est **saillant** lorsque la propriété suivante est vérifiée : en joignant deux points quelconques du secteur angulaire, on obtient un segment dont tous les points appartiennent au secteur angulaire.

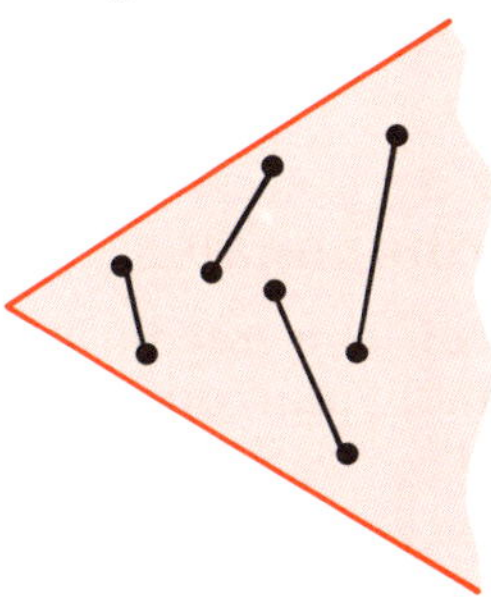

fig. 2

Angle saillant

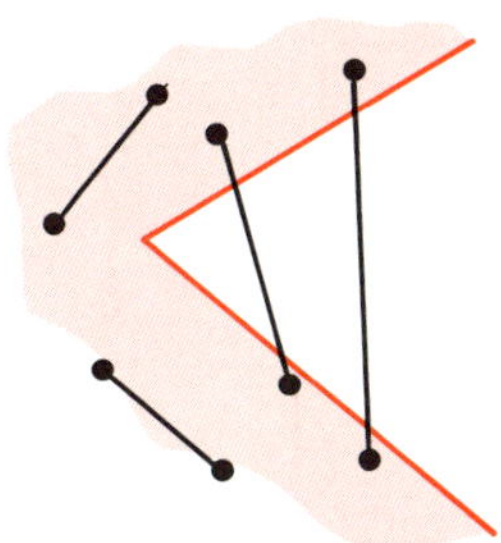

fig. 3

Angle non saillant

L'angle hachuré de la figure 1 est un angle saillant. On le note $\widehat{xOy}$.
L'angle colorié de la figure 1 est un angle non saillant (on dit aussi « **angle rentrant** »). On le note $\overset{\smile}{xOy}$.

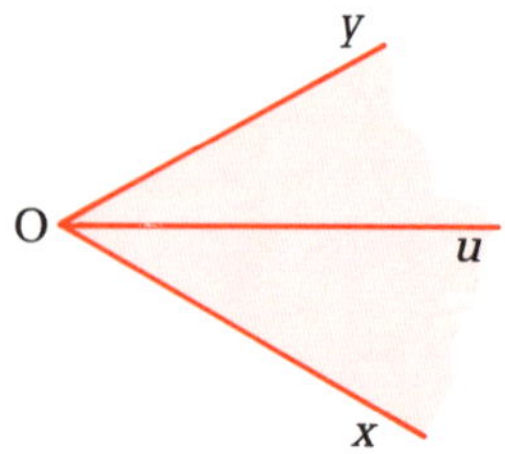

fig. 4

Bissectrice d'un angle

La bissectrice O*u* de l'angle $\widehat{xOy}$ est la demi-droite qui partage cet angle en deux angles superposables (fig. 4).

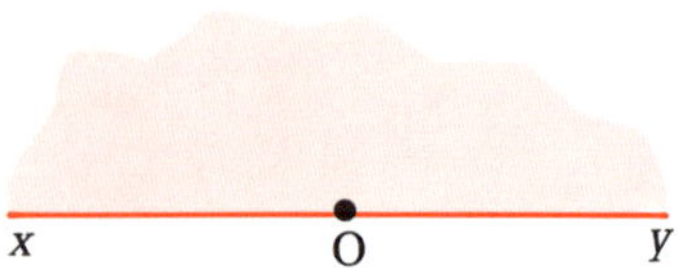

fig. 5

Angles particuliers

■ **Angle plat** (fig. 5) : les côtés O*x* et O*y* forment une ligne droite.

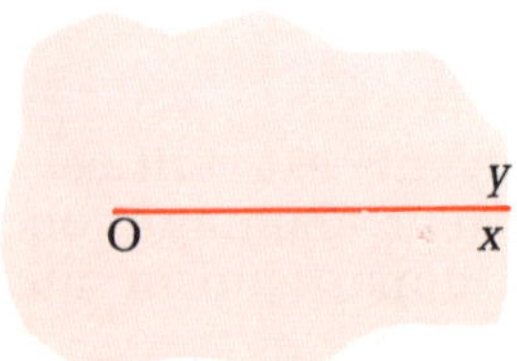

fig. 6

■ **Angle plein et angle nul** (fig. 6) : les côtés O*x* et O*y* sont une seule et même demi-droite.
L'angle plein contient tous les points du plan.
L'angle nul se réduit à la demi-droite O*x*.

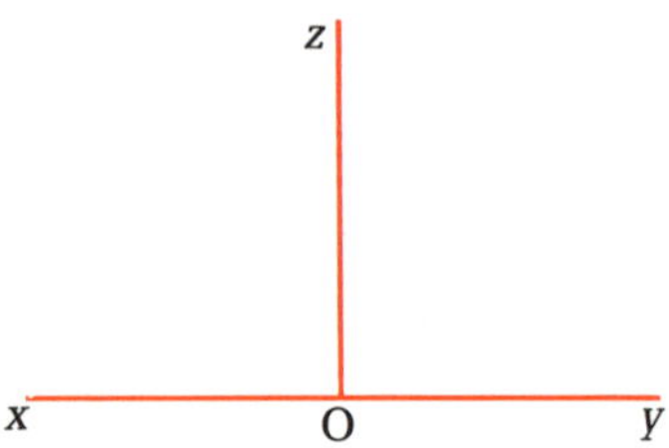

fig. 7

Angle droit; droites orthogonales

■ **Angle droit :** en traçant la bissectrice d'un angle plat, on obtient deux angles droits (fig. 7).

L'équerre est un instrument qui permet de tracer des angles droits (fig. 8).

■ **Droites orthogonales :** deux droites qui forment un angle droit sont appelées **droites orthogonales** ou **droites perpendiculaires.**
Les droites (D) et (D′) de la figure 8 sont des droites orthogonales.

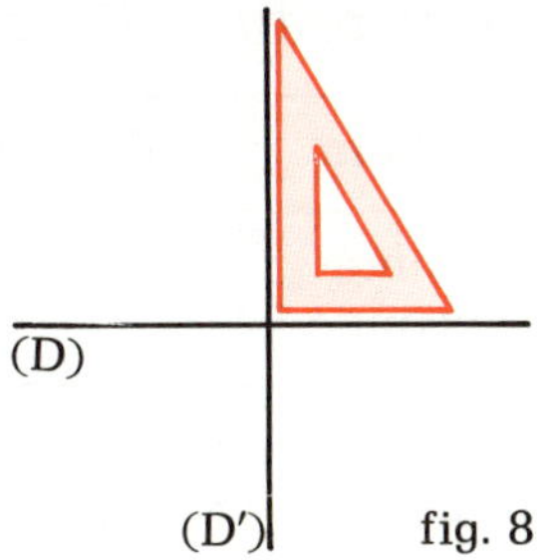

fig. 8

Remarques

a) Si deux droites forment un angle droit, on peut s'assurer avec l'équerre que les trois autres angles limités par ces droites sont, eux aussi, des angles droits. Deux droites orthogonales forment quatre angles droits.

b) Pour indiquer qu'un angle est droit, on dessine un petit carré (fig. 9).

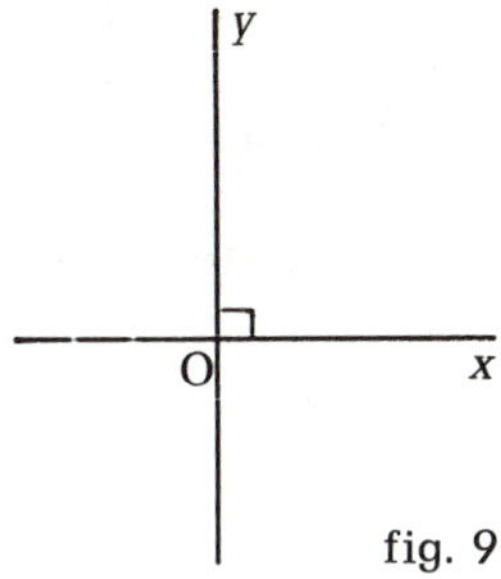

fig. 9

Mesure des angles en degrés

Le degré

On définit le **degré** (noté °) comme la **quatre-vingt-dixième partie de l'angle droit.** Il est possible de diviser un angle droit en 90 angles tous superposables; chacun de ces 90 angles est un angle de 1°.
L'angle droit mesure 90°.
Il en résulte que l'angle **plat** mesure 180° et que l'angle **plein** mesure 360°.

Un angle **aigu** est un angle dont la mesure en degrés est inférieure à 90.

Un angle **obtus** est un angle dont la mesure en degrés est comprise entre 90 et 180.

Sous-multiples sexagésimaux du degré

Nom	Abréviation	Définition
minute seconde	′ ″	soixantième partie du degré soixantième partie de la minute

Chaque unité vaut soixante fois l'unité immédiatement inférieure : $1° = 60'$; $1' = 60''$.

Au-delà de la seconde, on emploie le dixième de seconde, le centième de seconde, etc.
On écrira, par exemple, que la mesure d'un angle est 2° 18′ 45,3″.

Sous-multiples décimaux du degré

Nom	Définition
décidegré	dixième partie du degré
centidegré	centième partie du degré
millidegré	millième partie du degré

Chaque unité vaut dix fois l'unité immédiatement inférieure. On écrira, par exemple, que la mesure d'un angle est 73,48°, ce qui signifie 73 degrés, 4 décidegrés et 8 centidegrés. On dit que cet angle est exprimé en **degrés décimaux.**

Mesure des angles en grades

Le grade

On définit le grade (noté **gr**) comme la **centième partie de l'angle droit.** Il est possible de diviser un angle droit en 100 angles tous superposables; chacun de ces 100 angles est un angle de 1 gr.
L'angle droit mesure 100 gr.
Il en résulte que l'angle plat mesure 200 gr et que l'angle plein mesure 400 gr.

Sous-multiples du grade

Nom	Abréviation	Définition
décigrade	dgr	dixième partie du grade
centigrade	cgr	centième partie du grade
milligrade	mgr	millième partie du grade

Chaque unité vaut dix fois l'unité immédiatement inférieure : 1 gr = 10 dgr, 1 dgr = 10 cgr, 1 cgr = 10 mgr.

On écrira, par exemple, que la mesure d'un angle est 41,35 gr, ce qui signifie 41 grades, 3 décigrades et 5 centigrades.

Utilisation d'un rapporteur

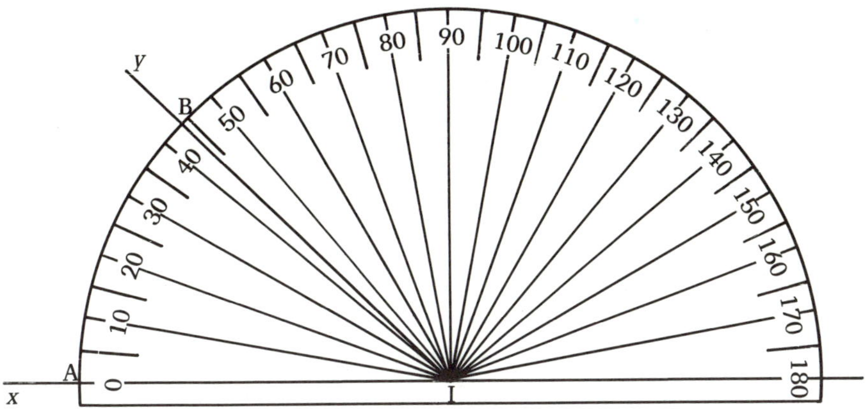

fig. 10

Un rapporteur est en général un demi-disque en matière plastique transparente dont le bord (demi-cercle) porte une graduation de 0 à 180 (graduation en degrés) ou de 0 à 200 (graduation en grades).

Pour trouver, à l'aide d'un rapporteur, la mesure d'un angle $\widehat{xIy}$ (fig. 10), on place le rapporteur de façon que :
— son centre coïncide avec le sommet I de l'angle à mesurer;
— le point de la graduation marqué 0 se trouve sur l'un des côtés de l'angle;
— l'autre côté de l'angle coupe le demi-cercle.

La graduation permet de mesurer l'arc $\widehat{AB}$ intercepté par l'angle $\widehat{xIy}$. La mesure de l'arc est aussi celle de l'angle.
Le mesurage d'un angle se traduit par une égalité ou par un encadrement.

Mesure des angles en radians

Le radian (noté rad) est une unité d'angle définie à partir de l'unité d'arc appelée radian.

Définition

On appelle arc de 1 radian (noté 1 rad) un arc dont la longueur est égale à celle d'un rayon du cercle.

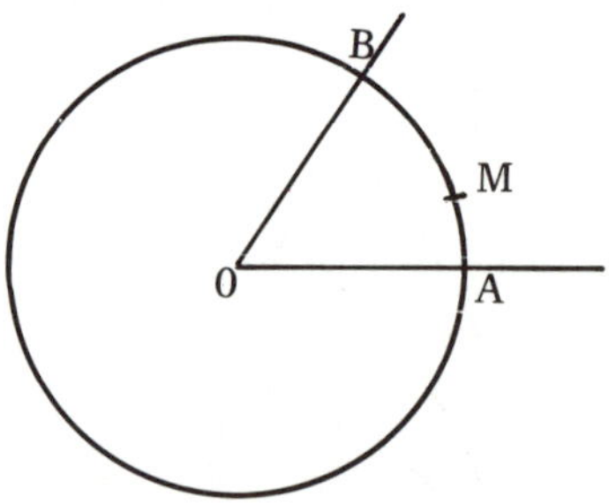

fig. 11

L'arc $\widehat{AMB}$ de la figure 11 mesure 1 rad car l'arc $\widehat{AMB}$ et le rayon [OA] ont la même longueur.
On appelle angle de 1 radian (noté 1 rad) un angle au centre qui intercepte un arc de 1 radian.
L'angle $\widehat{AOB}$ de la figure 11 mesure 1 rad.

$$1 \text{ rad} = 57{,}295\,7...^\circ = 57^\circ\ 17'\ 44{,}8...'' = 63{,}661\,9... \text{ gr.}$$

- **L'angle plein mesure $2 \times \pi$ rad,** c'est-à-dire 6,283 1... rad.
- **L'angle plat mesure π rad,** c'est-à-dire 3,141 5... rad.

$$\mathbf{180^\circ = 200\ gr = \pi\ rad.}$$

- Un angle droit mesure $\frac{\pi}{2}$ rad, un angle de 60° mesure $\frac{\pi}{3}$ rad, un angle de 45° mesure $\frac{\pi}{4}$ rad, un angle de 30° mesure $\frac{\pi}{6}$ rad.

Conversions

Degrés décimaux, grades, radians

Pour changer d'unité (degrés décimaux, grades, radians), on fait une règle de trois en utilisant l'une des correspondances suivantes :

$90° = 100$ gr; $9° = 10$ gr; $180° = 200$ gr $= \pi$ rad.

1. *Un angle mesure* 31,5 *gr. Quelle est sa mesure en degrés décimaux?*

en grades	10	31,5
en degrés	9	?

$$\frac{9 \times 31{,}5}{10} = 28{,}35.$$

L'angle mesure 28,35°.

2. *Un angle mesure* 0,76 *rad. Quelle est sa mesure en grades?*

en radians	π	0,76
en grades	200	?

$$\frac{200 \times 0{,}76}{\pi} = 48{,}383\,102...$$

L'angle mesure 48,38... gr.

Degrés sexagésimaux, degrés décimaux

1. *Exprimer* 2° 7′ 26″ *en degrés décimaux.*

On convertit d'abord 2° 7′ 26″ en secondes :

$$\begin{array}{rcrcr} 2° & \longrightarrow & 3\,600 \times 2 & \longrightarrow & 7\,200'' \\ 7' & \longrightarrow & 60 \times 7 & \longrightarrow & 420'' \\ 26'' & \longrightarrow & & & 26'' \\ \text{Total} & \longrightarrow & & & 7\,646'' \end{array}$$

En degrés décimaux $\longrightarrow$ $7\,646 : 3\,600 = 2{,}123\,888...$

2. *Exprimer* 7,62° *en degrés, minutes, secondes*

Le dixième de degré équivaut à 6′ car $60 : 10 = 6$.
Le centième de degré équivaut à 36″ car $3\,600 : 100 = 36$.
Le millième de degré équivaut à 3,6″ car $3\,600 : 1\,000 = 3{,}6$, etc.

On fait les calculs suivants :

$$\begin{array}{lcccl} 7° & \longrightarrow & & & 7°. \\ \text{6 dixièmes de degré} & \longrightarrow & 6 \times 6 & \longrightarrow & 36' \\ \text{2 centièmes de degré} & \longrightarrow & 36 \times 2 & \longrightarrow & 72'' \end{array}$$

$7{,}62° \longrightarrow 7°\ 36'\ 72''$ ou $7°\ 37'\ 12''$.

Angles complémentaires, angles supplémentaires

Angles complémentaires

Définition

On dit que deux angles sont complémentaires si la somme de leurs mesures en degrés est 90.

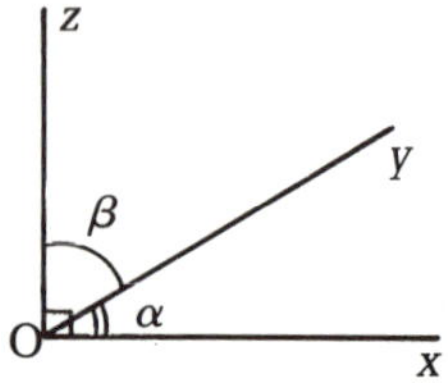

fig. 12

Les angles $\widehat{xOy}$ et $\widehat{yOz}$ de la figure 12 sont complémentaires, car l'angle $\widehat{xOz}$ est droit.

Remarque : α et β désignant les mesures des angles $\widehat{xOy}$ et $\widehat{yOz}$ (fig. 12), on a :

- $\alpha + \beta = 90$ si les angles sont mesurés en degrés,
- $\alpha + \beta = 100$ si les angles sont mesurés en grades,
- $\alpha + \beta = \frac{\pi}{2}$ si les angles sont mesurés en radians.

Angles supplémentaires

Définition

On dit que deux angles sont supplémentaires si la somme de leurs mesures en degrés est 180.

fig. 13

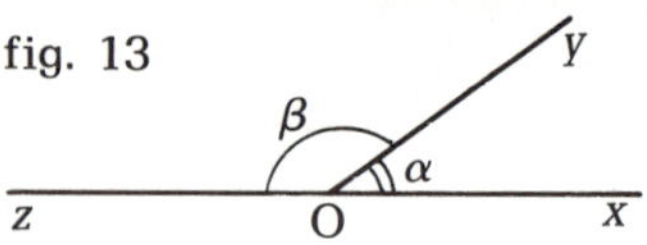

Les angles $\widehat{xOy}$ et $\widehat{yOz}$ de la figure 13 sont supplémentaires, car les angles $\widehat{xOz}$ sont plats.

Remarque : α et β désignant les mesures des angles $\widehat{xOy}$ et $\widehat{yOz}$ (fig. 13), on a :

- $\alpha + \beta = 180$ si les angles sont mesurés en degrés,
- $\alpha + \beta = 200$ si les angles sont mesurés en grades,
- $\alpha + \beta = \pi$ si les angles sont mesurés en radians.

4. PARALLÉLISME ET ORTHOGONALITÉ, PROJECTIONS

Droites orthogonales

Définition

On appelle droites orthogonales ou perpendiculaires deux droites qui forment un angle droit.

Un angle droit mesure 90°, ou 100 gr, ou $\frac{\pi}{2}$ rad (fig. 1).

Remarque : Si deux droites forment un angle droit, les trois autres angles formés sont aussi droits : deux droites orthogonales forment quatre angles droits.

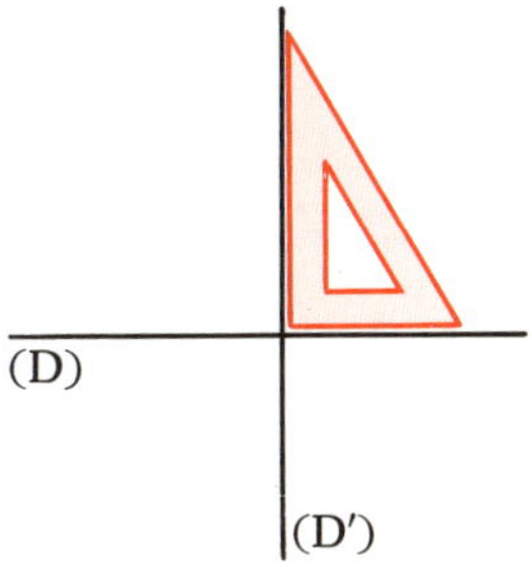

fig. 1

Distance d'un point à une droite

■ Parmi toutes les droites passant par le point O et sécantes à la droite (D) (fig. 2), il n'y en a qu'une seule (D′) qui soit perpendiculaire à (D). La mesure de la longueur du segment [OH] est appelée **distance du point O à la droite (D).**

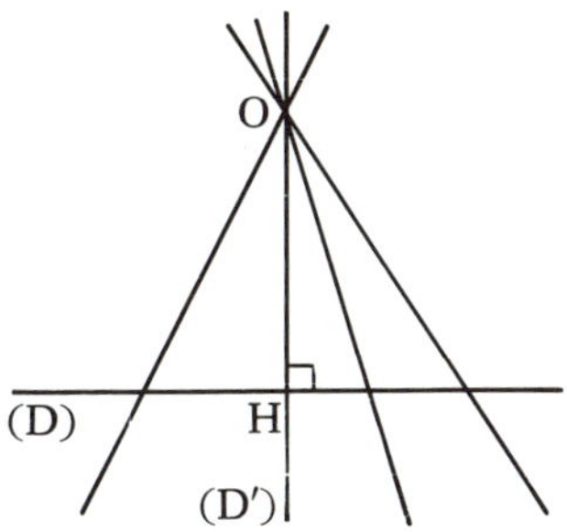

fig. 2

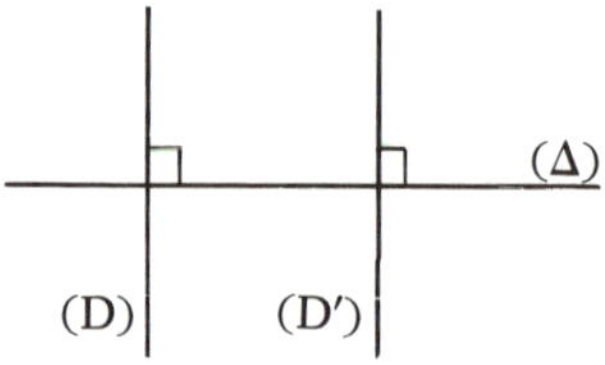

fig. 3

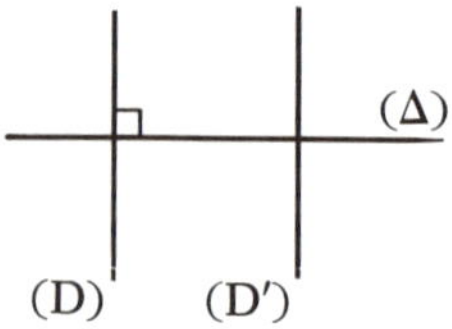

fig. 4

Théorèmes

■ **Si deux droites (D) et (D′) sont perpendiculaires à une même droite (Δ), alors elles sont parallèles (fig. 3).**

■ **Si deux droites (D) et (D′) sont parallèles (fig. 4), toute droite perpendiculaire à l'une est perpendiculaire à l'autre.**

Projection sur la droite (D) parallèlement à (Δ)

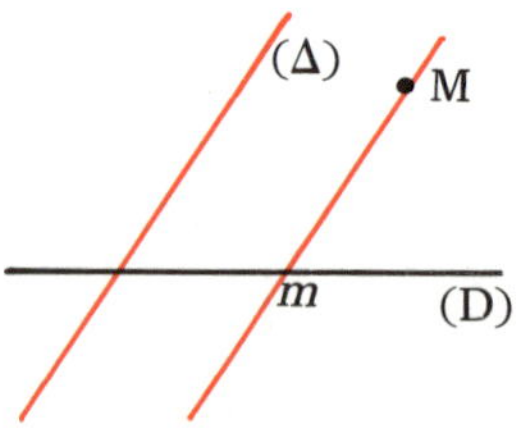

fig. 5

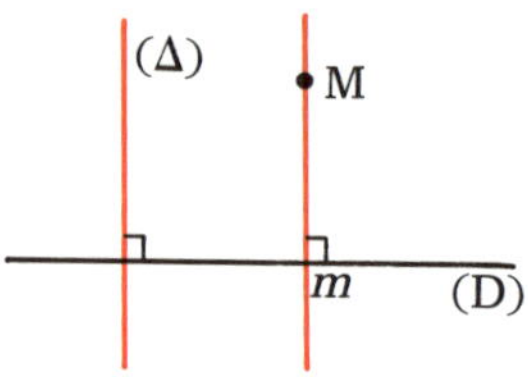

fig. 6

Définition

(D) et (Δ) étant deux droites non parallèles, à tout point M du plan on peut associer le point *m*, intersection de (D) avec la parallèle à (Δ) passant par M (fig. 5).

***m* est appelé projection de M sur (D) parallèlement à (Δ).** On dit aussi que ***m* est l'image de M** dans la projection sur (D) parallèlement à (Δ).

Cas particulier : si (D) et (Δ) sont orthogonales, *m* est appelé **projection orthogonale** de M sur (D) (fig. 6).

Projection d'un segment

La projection d'un segment est un segment.

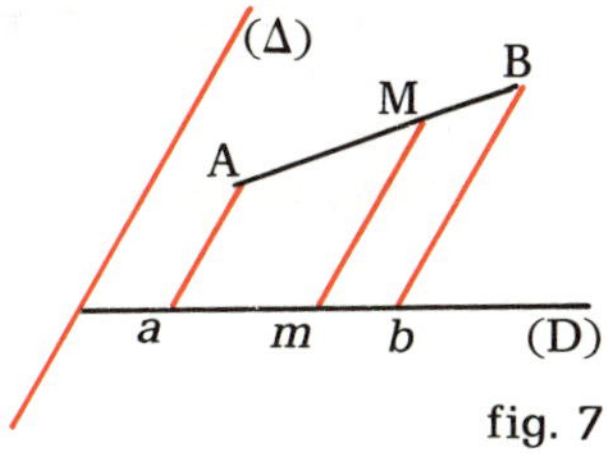

fig. 7

Sur la figure 7, le segment [*ab*] est la projection du segment [AB] sur (D) parallèlement à (Δ). Cela signifie que l'ensemble des images *m* des points M de [AB] est le segment [*ab*].

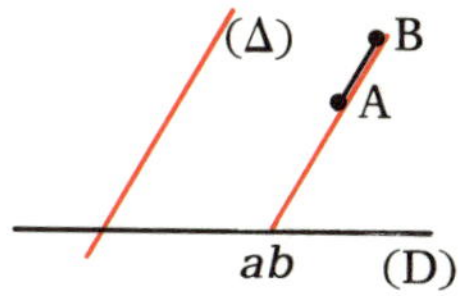

fig. 8

Cas particulier : si le segment [AB] est parallèle à (Δ), sa **projection** [*ab*] se **réduit à un point** (fig. 8).

Projection du milieu d'un segment

Dans la projection sur (D) parallèlement à (Δ), les trois points A, I, B ont pour images respectives A′, I′, B′ (fig. 9).
Si I est le milieu de [AB], alors I′ est le milieu de [A′B′].
Le segment [A′B′] étant la projection du segment [AB], le point I, milieu de [AB], se projette au point I′, milieu de [A′B′].

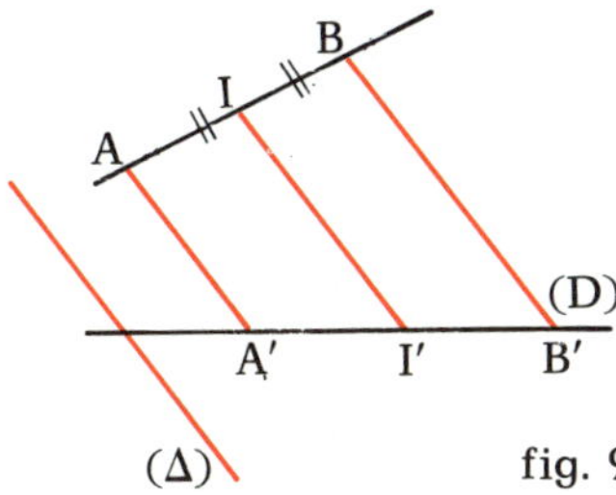

fig. 9

Conséquences

■ Si par le milieu d'un côté d'un triangle, on trace la parallèle à un autre côté, elle passe par le milieu du troisième côté (fig. 10).

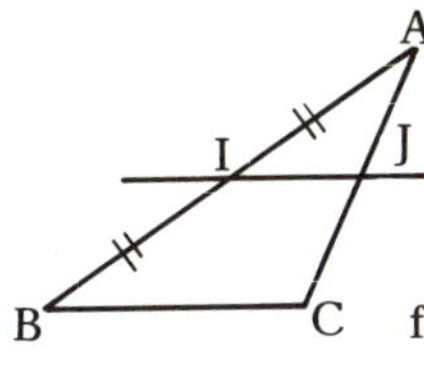

fig. 10

■ Le segment qui joint les milieux de deux côtés d'un triangle est parallèle au troisième côté (fig. 11).

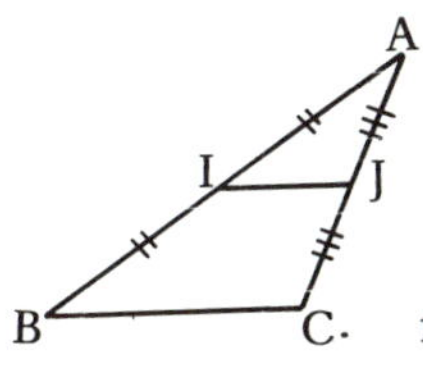

fig. 11

5. SYMÉTRIES

Symétrie orthogonale

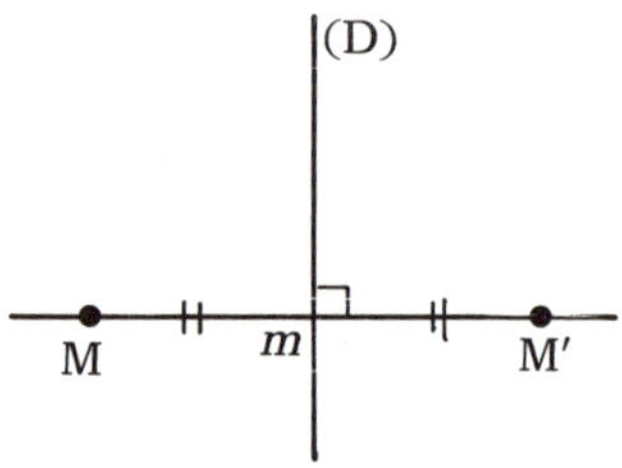

fig. 1

Définition

Soit une droite (D). A tout point M du plan, on peut associer le point M' ainsi obtenu : *m* étant la projection orthogonale de M sur (D), *m* est le milieu de [MM'] (fig. 1).
M' est appelé **symétrique de M par rapport à la droite (D)** ou encore image de M dans la symétrie par rapport à (D).

Cas particulier : Si l'on choisit M sur (D), M' est confondu avec M.
Remarque : La même construction à partir du point M' nous donnerait le point M : M' a pour symétrique M. On dit que les points M et M' sont symétriques par rapport à (D).

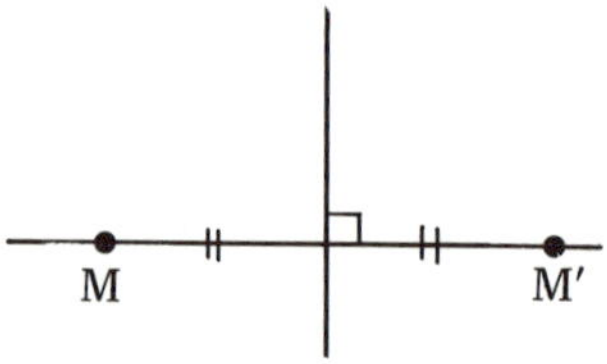

fig. 2

Médiatrice d'un segment

M et M' étant deux points distincts, **on appelle médiatrice du segment [MM'] la droite perpendiculaire au segment [MM'] en son milieu** (fig. 2).

Remarque : Lorsque deux points M et M' distincts sont symétriques par rapport à une droite (D), cette droite est la médiatrice du segment [MM'].

Propriété des points de la médiatrice d'un segment

■ **Tout point I (fig. 3) de la médiatrice (D) d'un segment [AB] vérifie IA = IB.** On dit que I est **équidistant** des extrémités A et B du segment [AB].

■ Réciproquement, **tout point équidistant** de A et de B **appartient à la médiatrice** (D) du segment [AB].

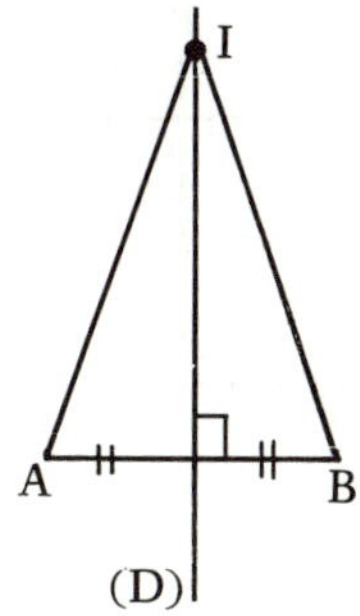

fig. 3

Conclusion : Les points du plan équidistants des points A et B sont les points de la médiatrice du segment [AB].

Application

On peut construire la médiatrice d'un segment en utilisant un compas (fig. 4).
On pique la pointe du compas en A et on trace un arc de cercle. Sans changer l'ouverture du compas, on pique la pointe du compas en B et on trace un autre arc de cercle. Si les deux arcs se coupent en deux points I et I′, la droite (II′) est la médiatrice du segment [AB].

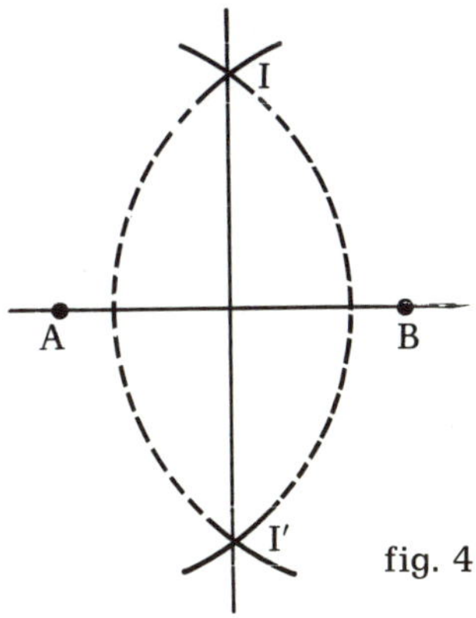

fig. 4

Justification
IA = IB, I est équidistant de A et de B, I est donc un point de la médiatrice de [AB]; I′A = I′B, I′ est équidistant de A et de B, I′ est donc un point de la médiatrice de [AB].

Propriétés de la symétrie orthogonale

■ Si A et B ont pour symétriques A′ et B′ (fig. 5), on a : AB = A′B′.
La symétrie orthogonale conserve les distances.

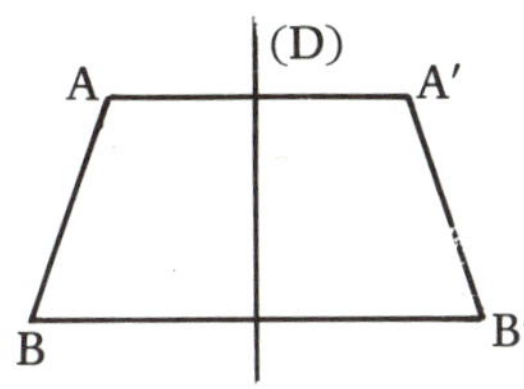

fig. 5

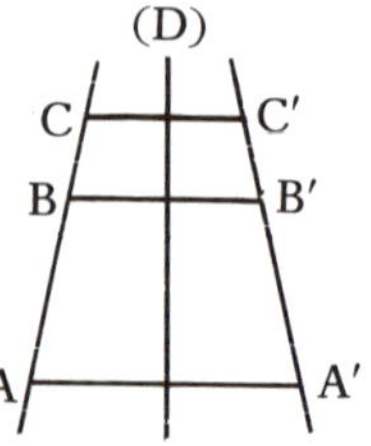

fig. 6

■ Si trois points A, B et C sont alignés, leurs symétriques A′, B′, C′ le sont aussi. **La symétrie orthogonale conserve l'alignement** (fig. 6).

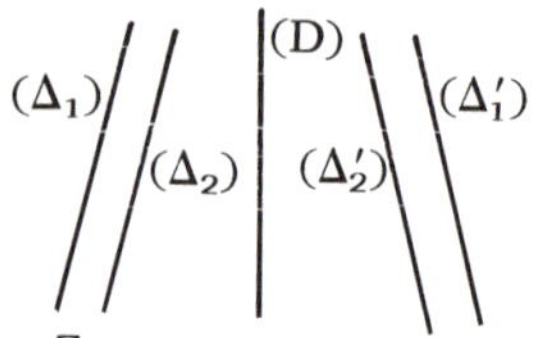

fig. 7

■ **La figure symétrique d'une droite est une droite,** la figure symétrique d'une demi-droite est une demi-droite, la figure symétrique d'un segment est un segment.

■ Deux droites parallèles ont pour symétriques deux droites parallèles. **La symétrie orthogonale conserve** le **parallélisme** (fig. 7).

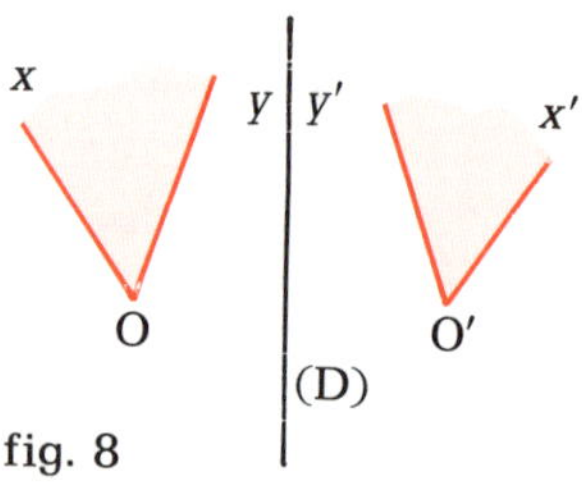

fig. 8

■ **La figure symétrique d'un angle est un angle de même mesure** (fig. 8).

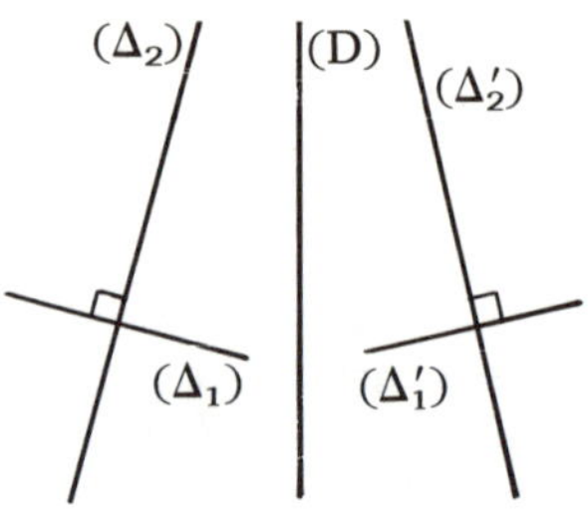

fig. 9

■ Deux droites orthogonales ont pour symétriques deux droites orthogonales. **La symétrie conserve l'orthogonalité** (fig. 9).

■ Le milieu I d'un segment [AB] a pour symétrique le milieu I′ du segment [A′B′] symétrique de [AB] (fig. 10).

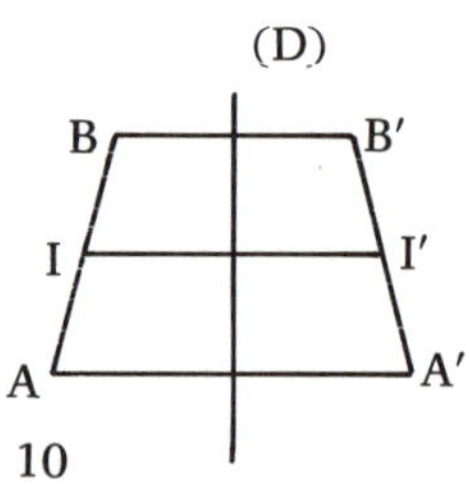

fig. 10

Axe de symétrie d'une figure

Lorsqu'une figure F a pour symétrique elle-même dans la symétrie par rapport à une droite (D), on dit que (D) est **un axe de symétrie de la figure F.**

Symétrie centrale

Définition

On se donne un point O (fig. 11). A tout point M du plan, on peut associer le point M′ tel que le segment [MM′] ait pour milieu O.

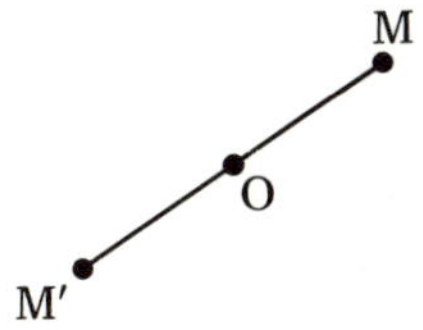

fig. 11

M′ est appelé **symétrique de M par rapport à O** ou encore image de M dans la symétrie de centre O.

Cas particulier :
Si l'on choisit M en O, M′ est confondu avec M.

Remarque :
Le symétrique de M′ par rapport à O est le point M.

Propriétés de la symétrie centrale

La symétrie centrale possède les mêmes propriétés que la symétrie orthogonale avec, en plus, la particularité suivante : **la figure symétrique d'une droite (D) est une droite parallèle (D′)** (fig. 12).

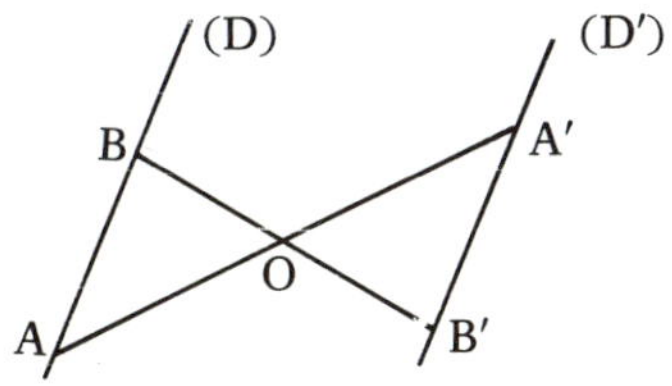

fig. 12

Centre de symétrie d'une figure

Lorsqu'une figure F a pour symétrique elle-même dans la symétrie par rapport à un point O, on dit que O est **centre de symétrie de la figure F.**

6. POLYGONES

Lignes brisées

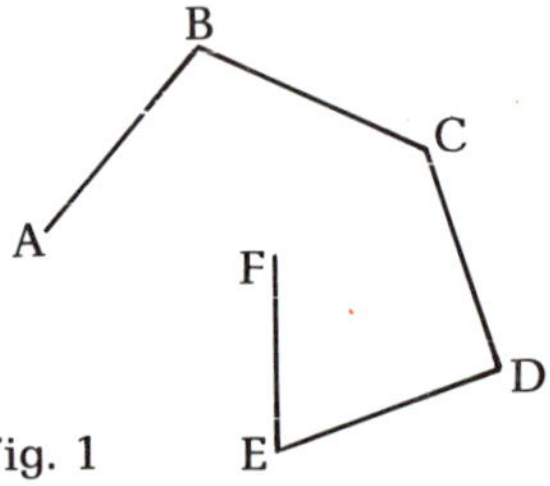

fig. 1

La ligne ABCDEF (fig. 1) est une **ligne brisée.** Elle est formée par une suite de segments [AB], [BC], [CD], etc. Deux segments qui se suivent ont une extrémité commune et les droites qui les portent sont différentes.

Les points A, B, C, D, etc. sont les **sommets** de la ligne brisée. Les segments [AB], [BC], [CD], etc. sont les **côtés** de la ligne brisée.

Lignes brisées qui se referment

Les lignes brisées des figures 2 et 3 se referment. Celle de la figure 1 ne se referme pas.

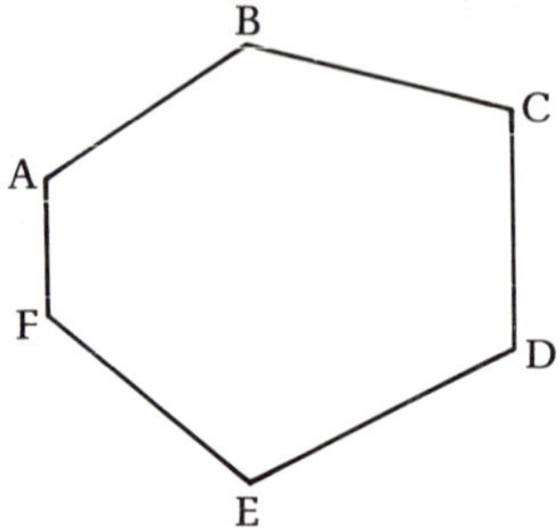

fig. 2

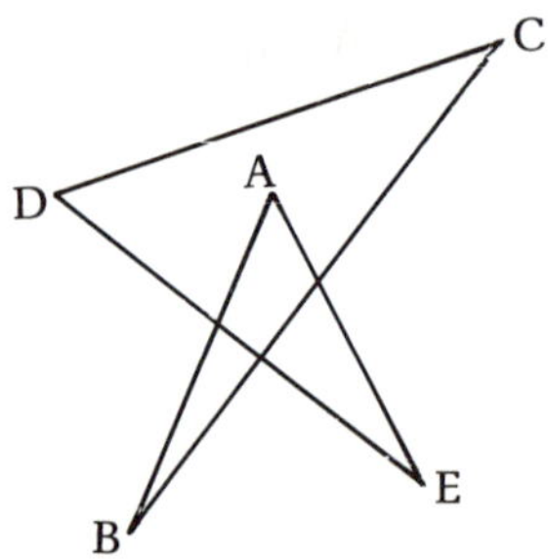

fig. 3

Lignes brisées qui se recoupent

La ligne brisée de la figure 3 se recoupe. Les lignes brisées des figures 1 et 2 ne se recoupent pas.

Polygones

On emploie le mot **polygone** pour désigner **toute ligne brisée qui se referme et ne se recoupe pas** et aussi pour désigner la surface dont elle est la frontière.

Côtés et sommets d'un polygone

Les sommets de la ligne brisée sont appelés **sommets du polygone.**
Le polygone de la figure 4 a cinq sommets.
Les segments qui constituent la ligne brisée sont appelés **côtés du polygone.**
Le polygone de la figure 4 a cinq côtés.

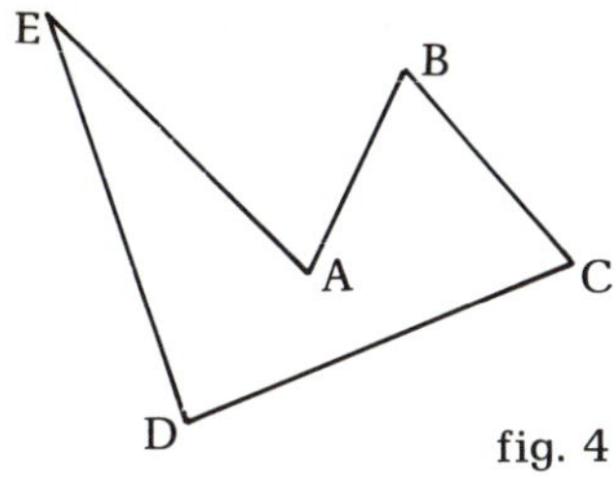

fig. 4

Tout polygone a autant de sommets que de côtés.
La longueur de la ligne brisée est appelée **périmètre du polygone.**

Noms des polygones	**Nombre de côtés**
triangle	3
quadrilatère	4
pentagone	5
hexagone	6
octogone	8
décagone	10
dodécagone	12

Notation

Pour nommer un polygone, on cite les lettres qui désignent ses sommets dans l'ordre où l'on rencontre ces sommets quand on suit la ligne brisée. On peut, par exemple, désigner le pentagone de la figure 4 par ABCDE, ou par CDEAB, ou par CBAED, ou par EDCBA, etc.

Angles d'un polygone

Les angles $\widehat{ABC}$, $\widehat{BCD}$, $\widehat{CDE}$, $\widehat{DEA}$, $\widecheck{EAB}$ sont les angles du pentagone de la figure 4. L'un d'eux $\underset{\smile}{EAB}$ est rentrant. Les autres sont saillants.

Polygone ouvert, polygone fermé

Lorsque le mot polygone est employé pour désigner la surface limitée par la ligne brisée, on peut parler du **polygone fermé** (c'est-à-dire frontière comprise) ou du **polygone ouvert** (c'est-à-dire frontière non comprise).
Dans cet ouvrage, le mot polygone signifie polygone fermé.

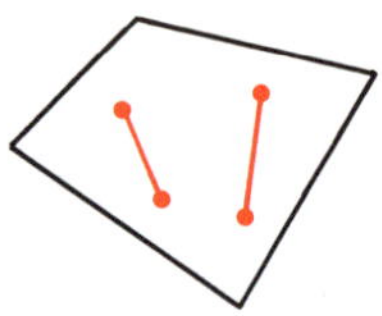

fig. 5

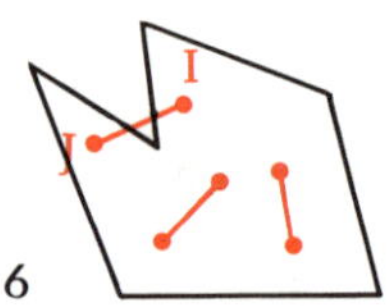

fig. 6

Polygone convexe

Le polygone de la figure 5 possède la propriété suivante : en joignant deux points quelconques de la surface limitée par ce polygone (frontière comprise), on obtient un segment dont tous les points appartiennent à cette surface. On dit que ce polygone est convexe.

Le polygone de la figure 6 n'est pas convexe (voir le segment [IJ]).

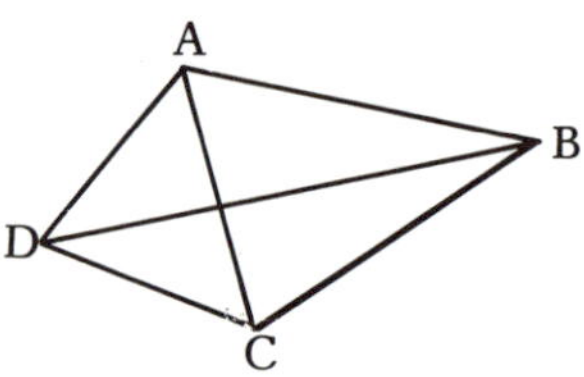

fig. 7

Diagonales

Les segments qui ont pour extrémités deux sommets d'un polygone sont les côtés du polygone et les diagonales du polygone. [AC] et [BD] sont les deux diagonales du quadrilatère ABCD de la figure 7.

7. TRIANGLES

Propriétés du triangle

Longueurs des côtés

a, *b*, *c* désignant les mesures des longueurs des côtés (avec la même unité de longueur), on a (fig. 1) :

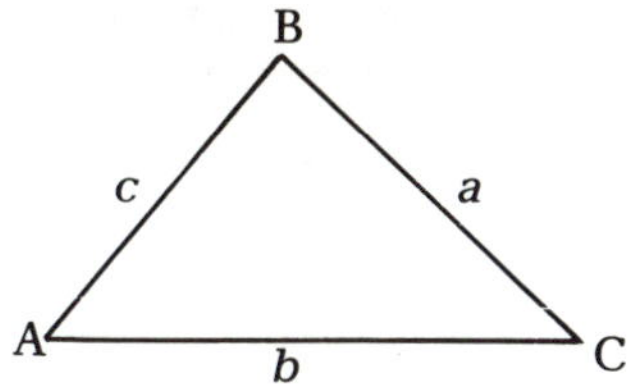

fig. 1

$|b-c| < a < b+c$

$|c-a| < b < c+a$

$|a-b| < c < a+b$

Rappel : $|x|$ se lit : « valeur absolue de x ».

Mesures des angles

La somme des mesures des angles d'un triangle vaut 180°, ou 200 gr, ou π rad.

Médiatrices

Les médiatrices des côtés d'un triangle ABC passent par un même point O (fig. 2). Ce point O est tel que : OA = OB = OC. Il est équidistant des trois sommets du triangle. O est le centre d'un cercle passant par les trois sommets A, B, C du triangle. Ce cercle est appelé cercle circonscrit au triangle ABC.

Le centre du cercle circonscrit à un triangle est le point commun aux trois médiatrices des côtés.

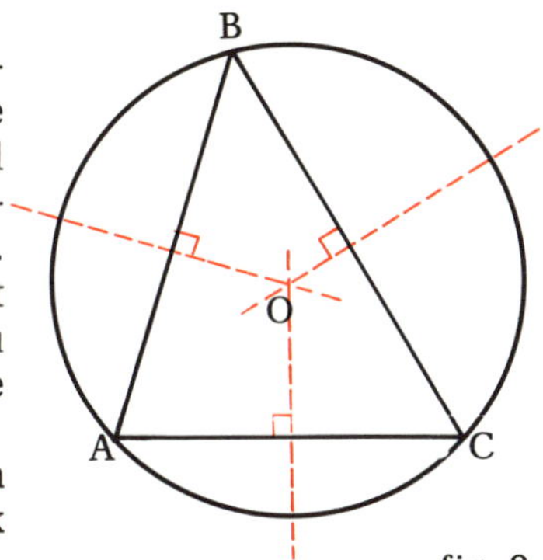

fig. 2

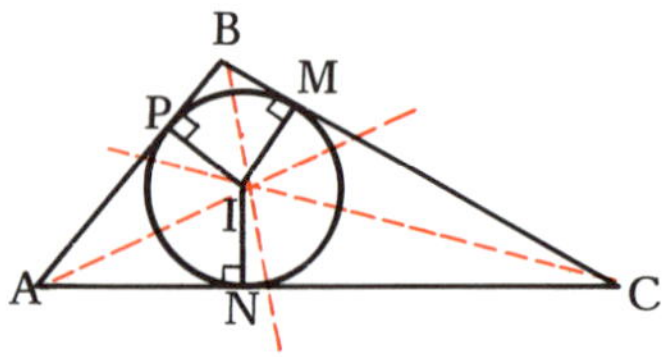

fig. 3

Bissectrices

Les bissectrices des angles d'un triangle ABC passent par un même point I (fig. 3). Ce point I est tel que IM = IN = IP. Il est équidistant des trois côtés du triangle. Il est le centre d'un cercle tangent aux trois côtés du triangle. Ce cercle est appelé cercle inscrit dans le triangle ABC.

Le centre du cercle inscrit dans un triangle est le point commun aux trois bissectrices des angles du triangle.

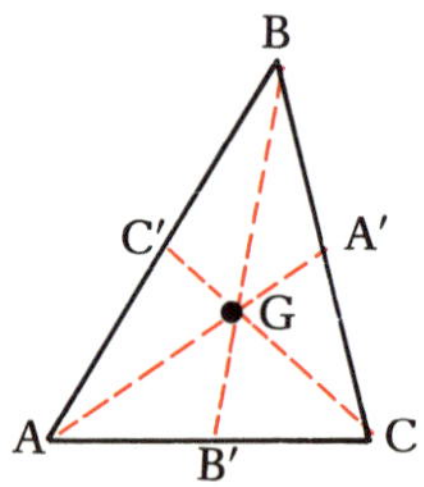

fig. 4

Médianes

Les segments qui joignent chaque sommet au milieu du côté opposé sont appelés **médianes du triangle** (fig. 4).

Les trois médianes d'un triangle passent par un même point appelé centre de gravité du triangle.

Le centre de gravité G vérifie (fig. 4) :

$$\frac{GA'}{AA'} = \frac{GB'}{BB'} = \frac{GC'}{CC'} = \frac{1}{3}.$$

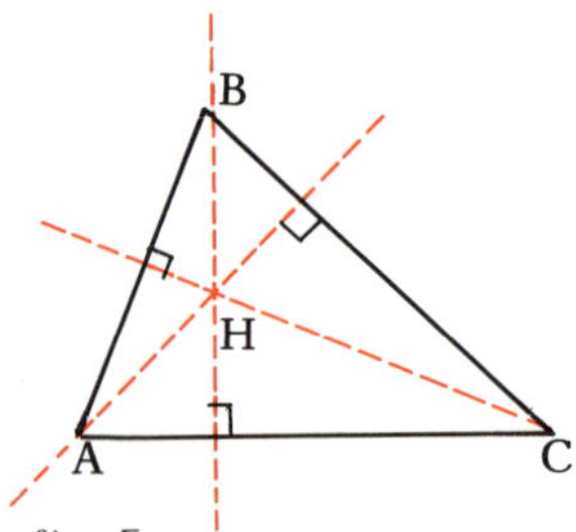

fig. 5

Hauteurs

Les droites tracées de chaque sommet perpendiculairement à la droite support du côté opposé sont appelées **hauteurs du triangle.**

Les trois hauteurs d'un triangle passent par un même point appelé orthocentre du triangle (point H de la figure 5).

Triangle isocèle

Définition

> **Un triangle est isocèle s'il a deux côtés au moins de même longueur.**

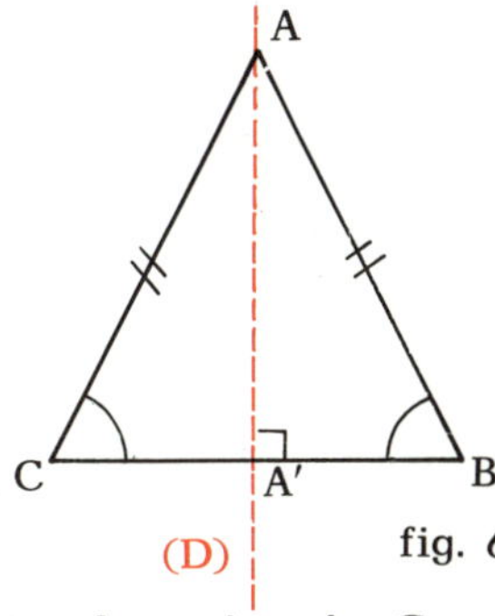

fig. 6

Ainsi, le triangle ABC de la figure 6 est tel que AB = AC; il est isocèle.

Propriétés du triangle isocèle

■ La médiatrice du côté [BC] passe par le point A. Cette médiatrice est un axe de symétrie (D) pour le triangle.

■ Les angles du triangle de sommets B et C ont même mesure.

■ L'axe de symétrie (D) du triangle ABC (fig. 6) est à la fois médiatrice de [BC] et hauteur issue de A; il est le support de la médiane issue de A et de la bissectrice de l'angle de sommet A. On dit que l'axe de symétrie (D) est à la fois médiatrice, hauteur, médiane et bissectrice.

Triangle équilatéral

Définition

> **Un triangle est équilatéral si ses trois côtés ont même longueur.**

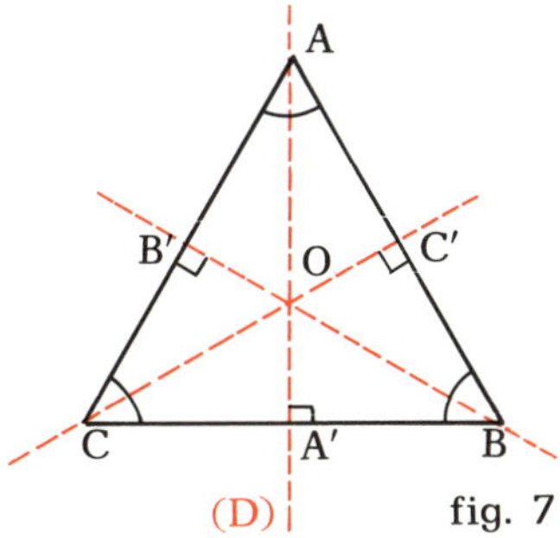

fig. 7

Ainsi, le triangle ABC de la figure 7 est tel que AB = BC = CA; il est équilatéral.

Propriétés du triangle équilatéral

■ Chacune des médiatrices des côtés est un axe de symétrie pour le triangle.

■ Les trois angles du triangle ont même mesure : 60° ou 66,66... gr ou $\frac{\pi}{3}$ rad.

■ **Chaque axe de symétrie du triangle est à la fois médiatrice, bissectrice, médiane et hauteur.** Le centre du cercle circonscrit, le centre du cercle inscrit, le centre de gravité et l'orthocentre sont confondus (point O de la figure 7).

Triangle rectangle

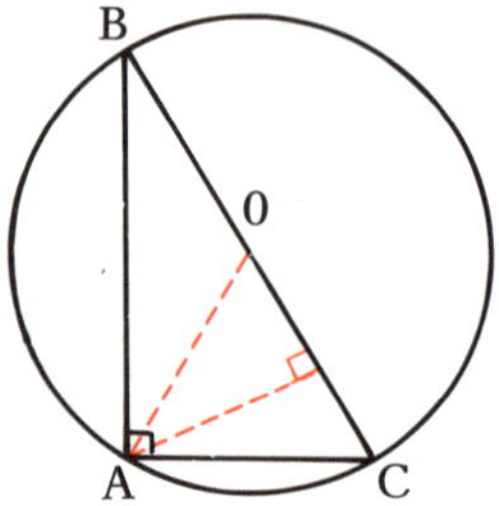

fig. 8

Définition

Un triangle qui a deux côtés perpendiculaires est appelé triangle rectangle. Le côté opposé à l'angle droit est **l'hypoténuse.**

Ainsi, le triangle ABC de la figure 8 est un triangle rectangle en A. Le côté [BC] est son hypoténuse.

Propriétés du triangle rectangle

- L'hypoténuse [BC] est le plus grand des trois côtés.
- Les angles du triangle de sommets B et C sont complémentaires $\left(\text{la somme de leurs mesures est } 90^\circ \text{ ou } 100 \text{ gr, ou } \frac{\pi}{2} \text{ rad}\right)$. Ces deux angles sont donc aigus.
- La médiane relative à l'hypoténuse a pour longueur la moitié de celle de l'hypoténuse :

$$AO = \frac{BC}{2}.$$

- Le point O, centre du cercle circonscrit au triangle ABC, est le milieu de l'hypoténuse [BC].
- Le sommet A de l'angle droit est l'orthocentre du triangle ABC.

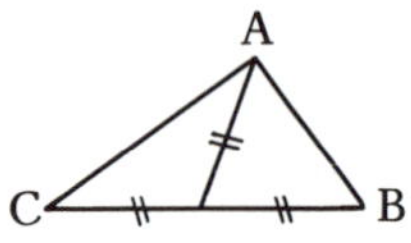

fig. 9

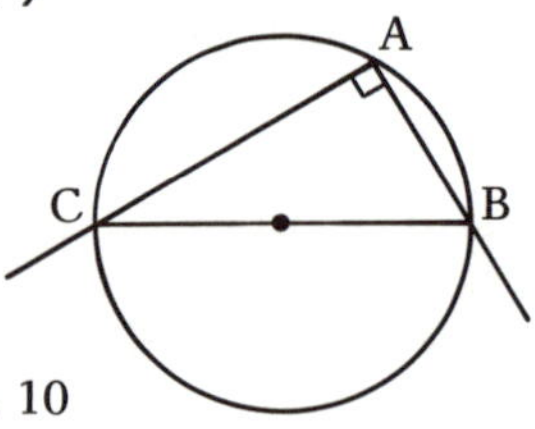

fig. 10

Autres théorèmes

- Si, dans un triangle, la longueur d'une médiane est la moitié de celle du côté correspondant, alors ce triangle est rectangle et ce côté est l'hypoténuse (fig. 9).
- En joignant un point A d'un cercle aux extrémités d'un diamètre [BC] de ce cercle (fig. 10), on obtient un triangle ABC rectangle en A.

8. QUADRILATÈRES

Définitions

■ Un quadrilatère qui a **deux côtés parallèles** est appelé **trapèze** (fig. 1).

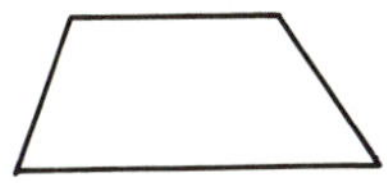

fig. 1

■ Un quadrilatère qui a ses **côtés opposés parallèles deux à deux** est appelé **parallélogramme** (fig. 2).

fig. 2

■ Un parallélogramme qui a **deux côtés perpendiculaires** est appelé **rectangle** (fig. 3).

fig. 3

■ Un parallélogramme qui a **deux côtés consécutifs de même longueur** est appelé **losange** (fig. 4).

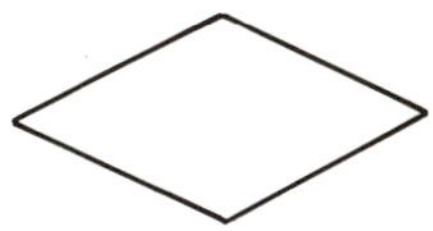

fig. 4

■ Un parallélogramme qui a **deux côtés perpendiculaires** et **deux côtés consécutifs de même longueur** est appelé **carré** (fig. 5). Il est à la fois rectangle et losange.

fig. 5

Le parallélogramme

Propriétés

Le point O, point d'intersection des diagonales, est un centre de symétrie pour le parallélogramme.

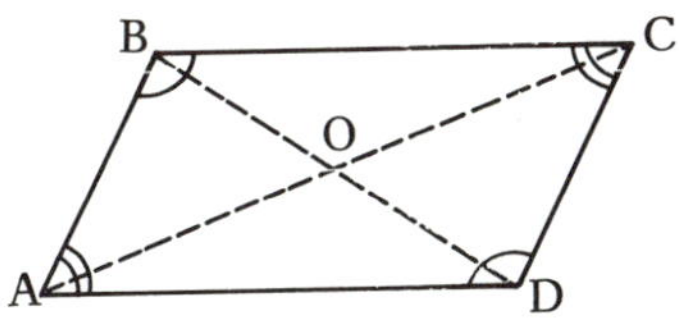

fig. 6

■ Les côtés opposés sont parallèles et ont même longueur.

■ Les diagonales ont même milieu.

■ Les angles opposés ont même mesure. Deux angles consécutifs (comme ceux de sommets A et B, par exemple) sont supplémentaires.

Théorème

Si les diagonales d'un quadrilatère ont même milieu, ce quadrilatère est un parallélogramme.

Le rectangle

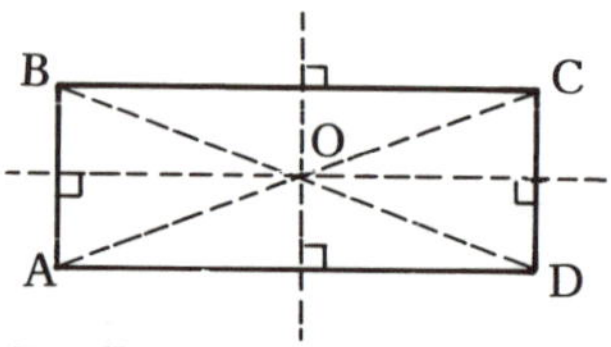

fig. 7

Propriétés

■ Deux côtés opposés ont même médiatrice. Cette médiatrice commune est un axe de symétrie pour le rectangle. Le rectangle admet **deux axes de symétrie** (fig. 7).
Le point O, point d'intersection des diagonales, est un centre de symétrie pour le rectangle.

■ Les côtés opposés sont parallèles et ont même longueur.
Sur la figure 7, on a : AD$>$AB. Les longueurs des segments [AD] et [AB] sont respectivement appelées **longueur** et **largeur** du rectangle ABCD.

■ Les diagonales ont même milieu et même longueur.

■ Les quatre **angles** du rectangle sont **droits.**

Théorèmes

■ **Si un quadrilatère a trois angles droits, c'est un rectangle.**

■ **Si les diagonales d'un quadrilatère ont même milieu et même longueur, ce quadrilatère est un rectangle.**

Le losange

Propriétés

Les droites (AC) et (BD), supports des diagonales, sont des axes de symétrie pour le losange.
Le point O, point d'intersection des diagonales, est un centre de symétrie pour le losange (fig. 8).

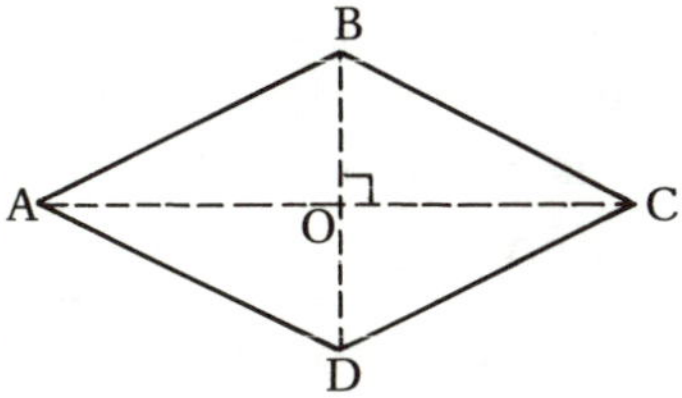

fig. 8

- Les côtés opposés sont parallèles.
- Les quatre côtés ont la même longueur.
- Les diagonales ont même milieu et sont perpendiculaires. Elles ont mêmes supports que les bissectrices des angles du losange.
- Les angles opposés ont même mesure. Deux angles consécutifs (comme ceux de sommets A et B, par exemple) sont supplémentaires.

Théorèmes

- **Si les quatre côtés d'un quadrilatère ont même longueur, ce quadrilatère est un losange.**
- **Si les diagonales d'un quadrilatère ont même milieu et sont perpendiculaires, ce quadrilatère est un losange.**

Le carré

Propriétés

- Le carré admet **quatre axes de symétrie** qui sont les droites supports des diagonales et les médiatrices des côtés (fig. 9).
Le point O, point d'intersection des diagonales, est un centre de symétrie pour le carré.

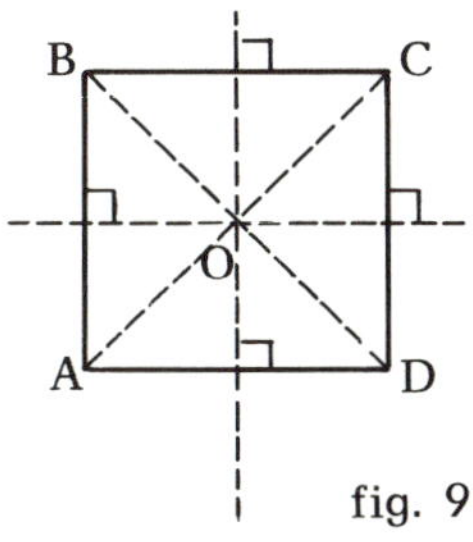

fig. 9

- Les côtés opposés sont parallèles.
- Les quatre côtés ont la même longueur.

■ Les diagonales ont même milieu et même longueur. Elles sont perpendiculaires. Elles ont mêmes supports que les bissectrices des angles du carré.

■ Les quatre angles du carré sont droits.

Théorème

Si les diagonales d'un quadrilatère ont même milieu, même longueur et sont orthogonales, ce quadrilatère est un carré.

Propriétés des quadrilatères

Nom du quadrilatère	**Parallélogramme** (autre qu'un rectangle, un losange, un carré) 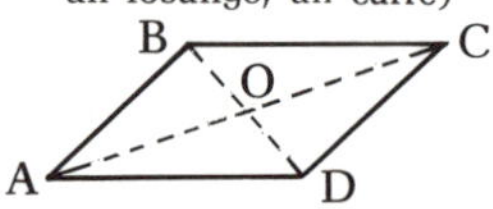 	**Rectangle** (autre qu'un **carré**) 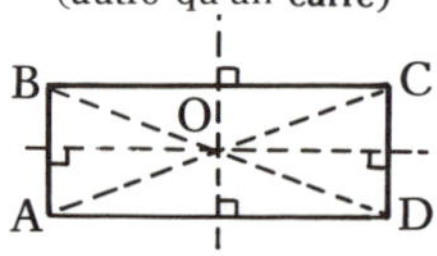
Axes de symétrie	aucun	2 (les médiatrices des côtés opposés)
Centre de symétrie	le point O	le point O
Côtés parallèles	les côtés opposés (2 paires)	les côtés opposés (2 paires)
Côtés de même longueur	les côtés opposés (2 paires)	les côtés opposés (2 paires)
Diagonales	ont même milieu	- ont même milieu - ont même longueur
Angles	- les angles opposés ont même mesure - les angles consécutifs sont supplémentaires	les quatre angles sont droits

Nom du quadrilatère	Losange (autre qu'un carré) 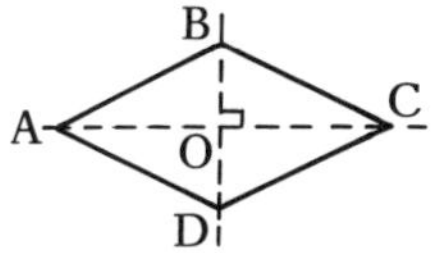	Carré 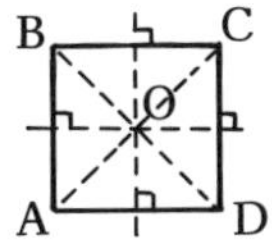
Axes de symétrie	2 (les supports des diagonales)	4 (les médiatrices des côtés opposés et les supports des diagonales)
Centre de symétrie	le point O	le point O
Côtés parallèles	les côtés opposés (2 paires)	les côtés opposés (2 paires)
Côtés de même longueur	les quatre côtés	les quatre côtés
Diagonales	- ont même milieu - sont perpendiculaires - ont mêmes supports que les bissectrices	- ont même milieu - ont même longueur - sont perpendiculaires - ont mêmes supports que les bissectrices
Angles	- les angles opposés ont même mesure - les angles consécutifs sont supplémentaires	les quatre angles sont droits

9. REPÉRAGE

Droite graduée, abscisse d'un point

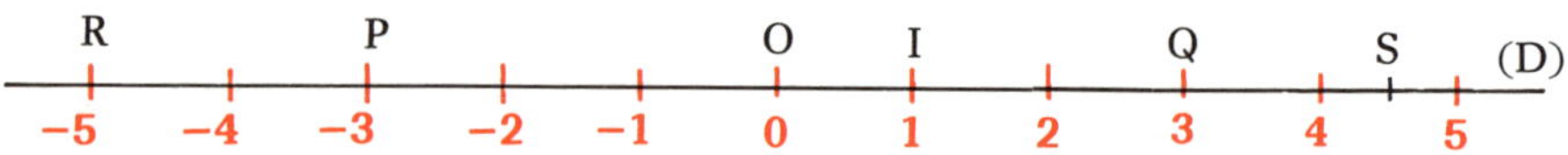

fig. 1

Le couple de points (O, I) est un **repère** de la droite (D) (fig. 1). Cela signifie que le point O et le point I ont pour **abscisses** respectives 0 et 1. Le point O est appelé **origine** du repère.
A chaque point M de la droite (D) correspond un nombre relatif qui est son abscisse notée x_M.

⟶ $x_P = -3$; $x_Q = 3$;
$x_R = -5$; $x_S = 4{,}5$.

A chaque nombre x correspond un point de la droite (D) d'abscisse x.
Ainsi, on peut placer sur la droite (D) le point d'abscisse −3,8, celui d'abscisse $\frac{10}{3}$, etc.

Mesure algébrique d'un bipoint

Définitions

Un **bipoint** (M, N) est un couple de points, c'est-à-dire un ensemble ordonné de deux points.

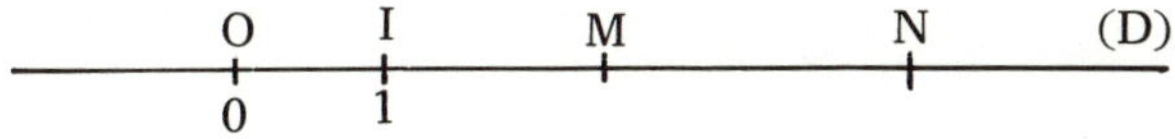

fig. 2

La droite (D) ci-dessus étant graduée grâce au repère (O, I), le nombre $x_N - x_M$ est appelé **mesure algébrique du bipoint (M, N)** dans le repère (O, I).

On le note $\overline{MN}$:

$$\overline{\mathbf{MN}} = \boldsymbol{x_N - x_M}.$$

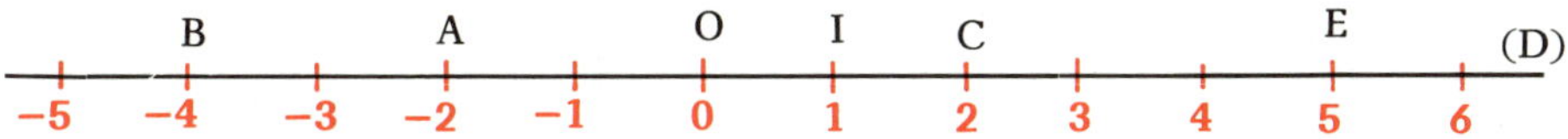

fig. 3

→ $\overline{AB} = x_B - x_A = (-4) - (-2) = (-4) + (+2) = -2.$

$\overline{CE} = x_E - x_C = 5 - 2 = 3.$

Remarque

$\overline{OM} = x_M - x_O = x_M - 0 = x_M.$

L'abscisse d'un point M est égale à la mesure algébrique du bipoint (O, M).

Distance de deux points

Quels que soient les points M et N de la droite (D) :

distance de M à N $= |\overline{\mathbf{MN}}| = |\boldsymbol{x_N - x_M}|$.

Milieu d'un segment

(D) étant une droite graduée (fig. 4), si M est le milieu du segment [AB], alors $\overline{MA} = -\overline{MB}$ et $x_M = \dfrac{x_A + x_B}{2}$.

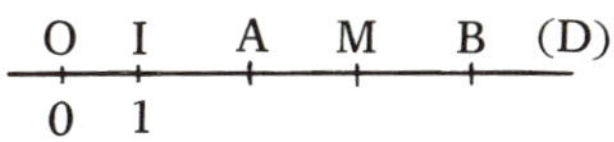

fig. 4

Relation de Chasles

Quels que soient les points A, B, C (fig. 5) choisis sur la droite graduée (D), on a : $\overline{\mathbf{AB}} + \overline{\mathbf{BC}} = \overline{\mathbf{AC}}$.

fig. 5

Repérage dans le plan

Les deux droites graduées $x'x$ et $y'y$ de la figure 6 permettent de repérer tout point M du plan grâce à ses **coordonnées (abscisse** et **ordonnée).**
L'abscisse de M notée x_M est l'abscisse du point P sur $x'x$.
L'ordonnée de M notée y_m est l'abscisse du point Q sur $y'y$.

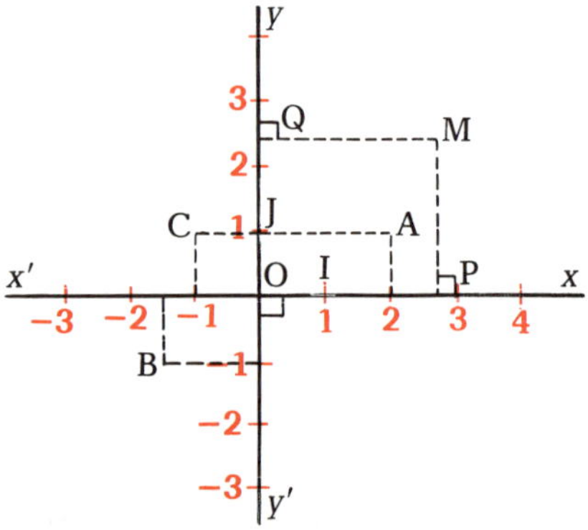

fig. 6

— le point A a pour coordonnées $x_A = 2$ et $y_A = 1$;
— le point B a pour coordonnées $x_B = -1{,}5$ et $y_B = -1$;
— le point de coordonnées $x = -1$ et $y = 1$ est le point C.

10. PROPRIÉTÉ DE THALÈS

Théorème de Thalès

(D), (D′) et (Δ) étant trois droites telles que (Δ) ne soit parallèle ni à (D) ni à (D′), choisissons trois points distincts M, N, P sur (D) et projetons-les sur (D′) parallèlement à (Δ). Soient M′, N′ et P′ leurs projections respectives.

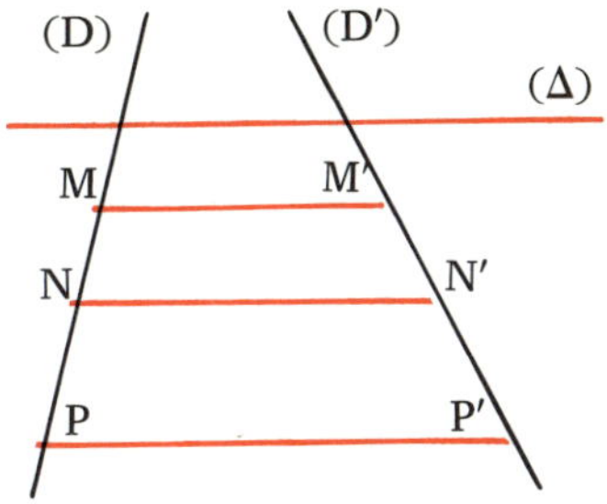

fig. 1

Quel que soit le choix des trois points M, N, P sur (D), on a :

$$\frac{\overline{\mathrm{MN}}}{\overline{\mathrm{MP}}} = \frac{\overline{\mathrm{M'N'}}}{\overline{\mathrm{M'P'}}}.$$

Remarque : Le quotient $\dfrac{\overline{\mathrm{MN}}}{\overline{\mathrm{MP}}}$ est indépendant du repère (O, I) choisi pour la graduation de la droite (D). Rappelons que O est le point d'abscisse 0 et I le point d'abscisse 1.

De même, le quotient $\dfrac{\overline{\mathrm{M'N'}}}{\overline{\mathrm{M'P'}}}$ est indépendant du repère choisi pour la graduation de la droite (D′).
On peut, par exemple, choisir des unités de longueur différentes sur les deux droites (D) et (D′).

Réciproque du théorème de Thalès

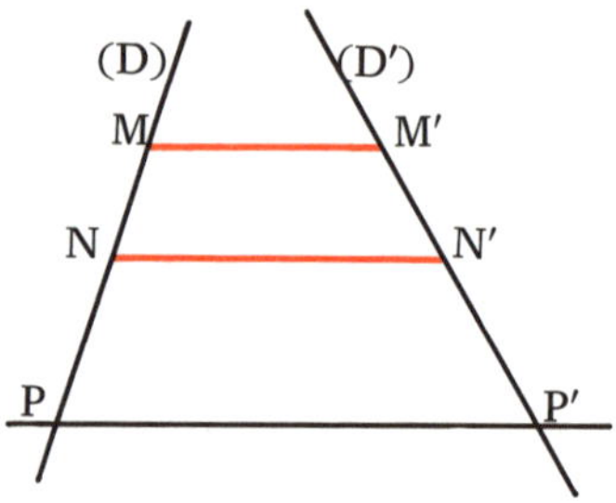

fig. 2

(D) et (D′) étant deux droites graduées, soient trois points distincts M, N, P de (D) et trois points distincts M′, N′, P′ de (D′).

Si la droite (MM′) est parallèle à la droite (NN′) et si $\dfrac{\overline{MN}}{\overline{MP}} = \dfrac{\overline{M'N'}}{\overline{M'P'}}$, alors la droite (PP′) est parallèle aux droites (MM′) et (NN′).

11. CERCLE

Généralités

On appelle **cercle de centre** O et de **rayon** 3 cm, par exemple, la ligne constituée par tous les points du plan situés à 3 cm du point O.
Le **compas** permet de dessiner des cercles. Sur la figure 1, on a tracé plusieurs cercles de même centre O et de rayons différents (on dit que ces **cercles** sont **concentriques**).

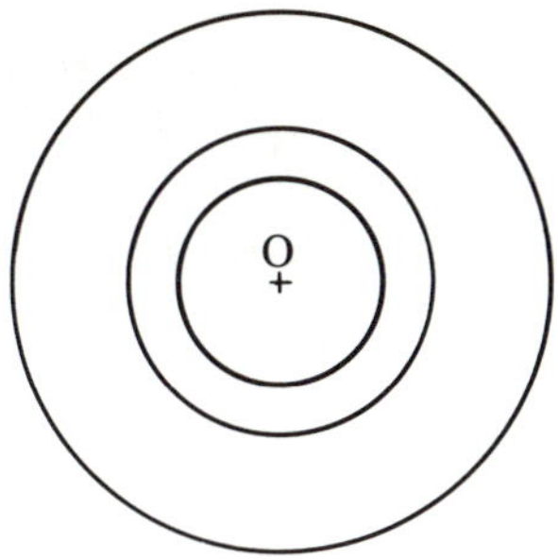

fig. 1

Rayon

Le segment joignant le centre O d'un cercle à un point M de ce cercle est appelé **rayon.**
Tous les rayons d'un même cercle ont la même longueur.

Remarque : On emploie le mot rayon pour désigner tout segment tel que [OM] ou [ON] (fig. 2) et aussi pour désigner la longueur commune de tous ces segments. On dira, par exemple : « j'ai tracé deux rayons d'un même cercle » et aussi : « le rayon du cercle est 10 cm ».

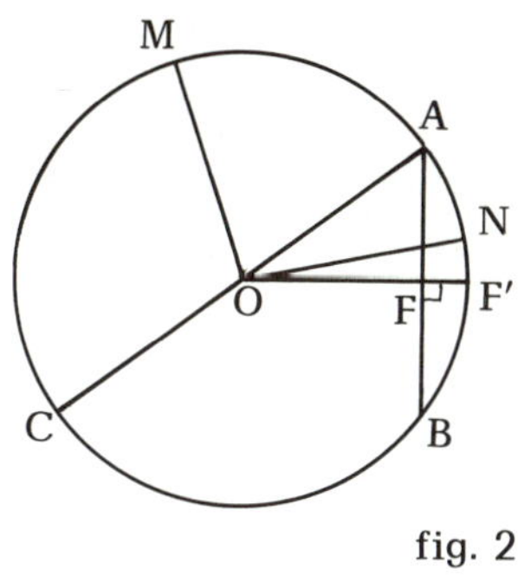

fig. 2

Corde, arc, flèche

Le segment joignant deux points d'un cercle est appelé **corde.**
Le segment [AB] est une corde du cercle de la figure 2.

Une corde sous-tend deux **arcs de cercle.** La corde [AB] (fig. 2) sous-tend les deux arcs de cercle $\overset{\frown}{AMB}$ et $\overset{\frown}{ANB}$ d'extrémités A et B. Nous nous intéresserons aux arcs fermés, c'est-à-dire extrémités comprises.
Les mots arc et corde rappellent l'arc lançant des flèches. Le segment [FF'] (fig. 2) est appelé **flèche** de l'arc $\overset{\frown}{ANB}$.

Diamètre

Une corde passant par le centre du cercle est appelée **diamètre.** Le segment [AC] est un diamètre du cercle de la figure 2. Notons que $AC = AO + OC = 2 \times OA$.
La longueur d'un diamètre est le double de celle d'un rayon.

Remarque : On emploie le mot diamètre pour désigner toute corde telle que [AC] (fig. 2) et aussi pour désigner la longueur commune de tous ces segments.

Arc et angle au centre correspondant

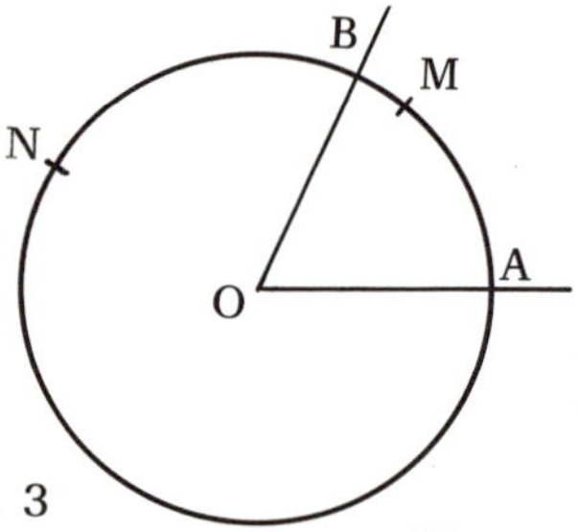

fig. 3

A tout arc de cercle correspond un angle dont le sommet est le centre du cercle et dont les côtés passent par les extrémités de l'arc (les points de l'arc étant des points de l'angle).

Ici (fig. 3), à l'arc $\overset{\frown}{AMB}$ correspond l'angle saillant $\widehat{AOB}$, à l'arc $\overset{\frown}{ANB}$ correspond l'angle rentrant $\overset{\vee}{AOB}$.

L'angle saillant $\widehat{AOB}$ est l'angle au centre correspondant à l'arc $\overset{\frown}{AMB}$ et l'angle rentrant $\overset{\vee}{AOB}$ est l'angle au centre correspondant à l'arc $\overset{\frown}{ANB}$.
On dit aussi que l'angle saillant $\widehat{AOB}$ **intercepte** l'arc $\overset{\frown}{AMB}$ et que l'angle rentrant $\overset{\vee}{AOB}$ intercepte l'arc $\overset{\frown}{ANB}$.

fig. 4

Disque

On appelle **disque** (fig. 4) la surface limitée par un cercle.
On ne s'intéressera qu'au disque fermé, c'est-à-dire au disque frontière comprise.

Longueur d'un cercle

Une unité de longueur étant choisie, si l'on divise la mesure ℓ de la longueur d'un cercle par la mesure D de son diamètre, on trouve un nombre voisin de 3,14.

Des mathématiciens ont montré que le quotient $\frac{\ell}{D}$ est un nombre noté π dont la suite des décimales est illimitée :

→ $\pi = 3{,}141\,592\,653\,589\,793...$

(π est une lettre de l'alphabet grec qui se lit : « pi ».)

On peut retrouver les dix premières décimales de π en écrivant successivement le nombre de lettres de chacun des mots de la phrase suivante, facile à retenir :

Que	j'aime	à	faire	connaître	ce	nombre	utile	aux	sages ;
3,	1	4	1	5	9	2	6	5	3	5 .

Puisque $\frac{\ell}{D} = \pi$, on a : $\ell = D \times \pi$.

Pour calculer la longueur d'un cercle, on multiplie le diamètre de ce cercle par une valeur approchée de π (3,14 ou 3,141 6).
R désignant la mesure de la longueur du rayon, on a : $D = 2 \times R$ et par suite :

$$\boldsymbol{\ell = 2 \times \pi \times R.}$$

Mesure des arcs de cercle

Unités d'arc

Abréviations

degré (°), minute (′) seconde (″)	grade (gr) décigrade (dgr) centigrade (cgr) milligrade (mgr)	radian (rad)

Degrés sexagésimaux	Degrés décimaux	Grades
Un quart de cercle mesure 90°. $1° = 60'$ $1' = 60''$ On emploie les sous-multiples décimaux de la seconde.	**Un quart de cercle mesure 90°.** On emploie les sous-multiples décimaux du degré : - décidegré, - centidegré, - millidegré.	**Un quart de cercle mesure 100 gr.** On emploie les sous-multiples décimaux du grade : - décigrade (dgr), - centigrade (cgr), - milligrade (mgr).

Radians
Un arc de 1 radian (noté 1 rad) est un arc dont la longueur est égale à celle d'un rayon. La mesure d'un cercle en radians est égale à 2π.

Remarques

a) Chaque unité d'arc est interceptée par l'unité d'angle qui porte le même nom (on emploie la même abréviation pour désigner les deux unités).

Un arc de 1 degré (1°) est intercepté par un angle au centre de 1 degré (1°).
Un arc de 1 grade (1 gr) est intercepté par un angle au centre de 1 grade (1 gr).

Un arc de 1 radian (1 rad) est intercepté par un angle au centre de 1 radian (1 rad).

b) Un angle au centre et l'arc qu'il intercepte ont la même mesure (en degrés, minutes, secondes, ou bien en degrés décimaux, ou bien en grades, ou bien en radians).

Un angle au centre de 18° 27′ 35,8″ intercepte un arc de 18° 27′ 35,8″.
Un angle au centre de 83,56° intercepte un arc de 83,56°.
Un angle au centre de 43,65 gr intercepte un arc de 43,65 gr.
Un angle au centre de 0,36 rad intercepte un arc de 0,36 rad.

Le **rapporteur** (fig. 5) est en général un demi-disque en matière plastique. Il permet d'avoir la mesure d'un angle au centre $\widehat{xIy}$ en lisant la mesure de l'arc intercepté par cet angle.

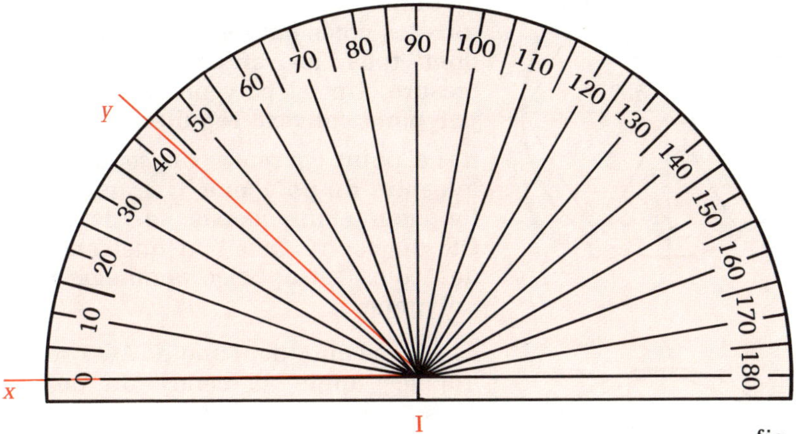

fig. 5

Polygones réguliers

Il est possible de placer sur un cercle une suite de points A, B, C, etc. formant une graduation régulière telle que les arcs successifs aient tous même mesure.

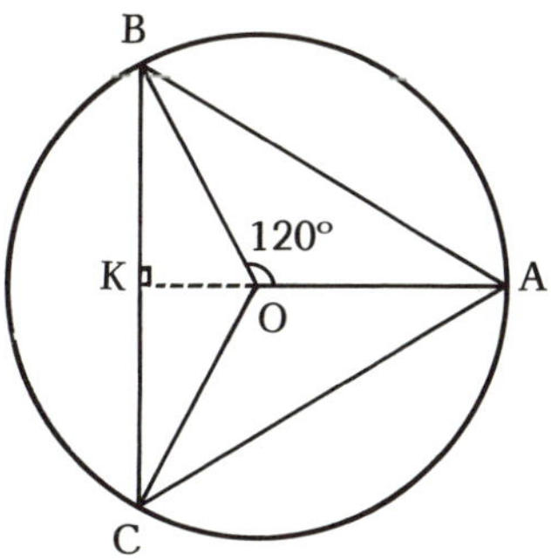

fig. 6

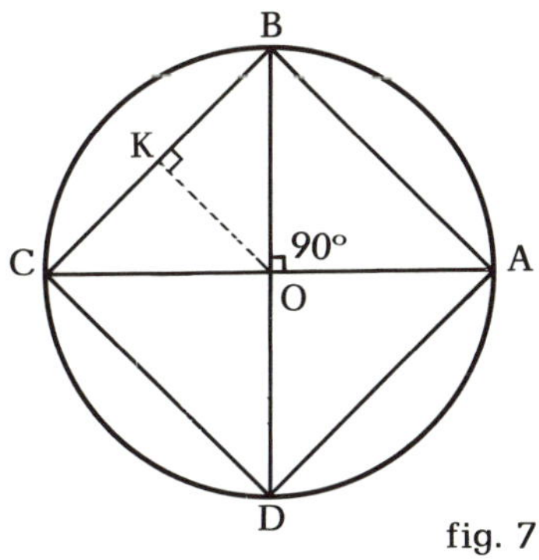

fig. 7

A la figure 6, le cercle a été partagé en trois arcs de 120°. De la même façon, on a obtenu quatre arcs de 90° à la figure 7, six arcs de 60° à la figure 8, huit arcs de 45° à la figure 9.

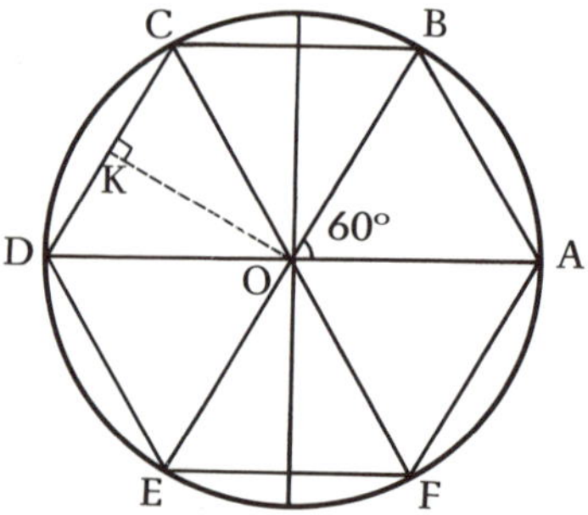

fig. 8

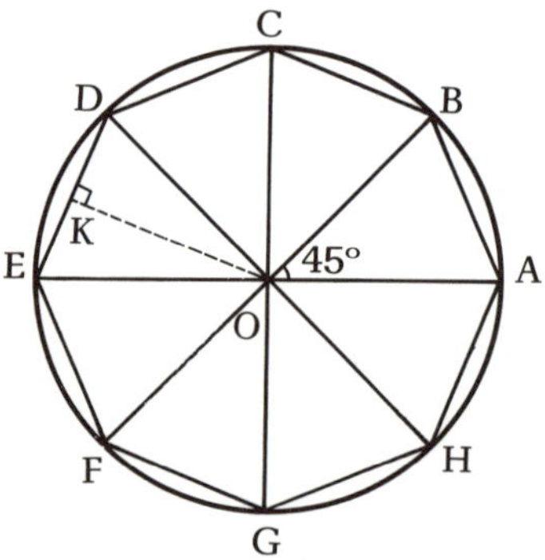

fig. 9

- En traçant la ligne brisée ABC..., on obtient un polygone convexe dont tous les côtés **ont même longueur et dont tous les angles ont même mesure.** Un tel polygone est appelé **polygone convexe régulier.**

- Le point O, centre du cercle, est le **centre du polygone.** Une unité de longueur étant choisie, la distance OK du centre O à l'un quelconque des côtés est appelée **apothème du polygone.**

- La mesure de l'angle $\widehat{AOB}$ est appelée **angle au centre du polygone** (si le polygone a n côtés, l'angle au centre vaut $\frac{360°}{n}$).

- Un polygone régulier à trois côtés est un triangle équilatéral (fig. 6).

- Un polygone régulier à quatre côtés est un carré (fig. 7).

Les polygones des figures 8 et 9 sont respectivement un hexagone régulier et un octogone régulier.

12. RELATIONS MÉTRIQUES DANS LE TRIANGLE RECTANGLE, THÉORÈME DE PYTHAGORE

Dans les énoncés suivants interviennent des mesures algébriques de bipoints et des mesures de longueur. La même unité de longueur est utilisée sur toutes les droites.

Théorème

Dans tout triangle ABC rectangle en A, où H désigne la projection orthogonale de A sur la droite (BC), on a les égalités :

$\mathbf{BA^2 = \overline{BH} \times \overline{BC}}$ et $\mathbf{CA^2 = \overline{CH} \times \overline{CB}}$.

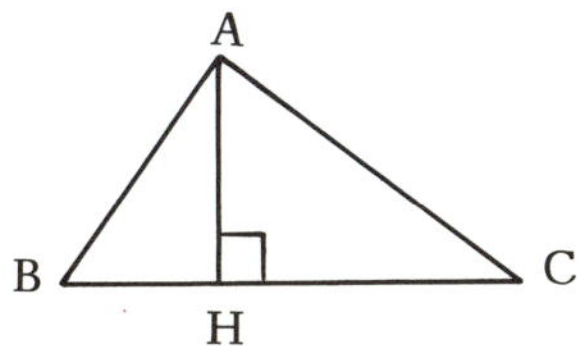

fig. 1

Réciproque

A, B, C étant trois points distincts et H la projection orthogonale de A sur la droite (BC),
si $BA^2 = \overline{BH} \times \overline{BC}$, alors le triangle ABC est rectangle en A,
si $CA^2 = \overline{CH} \times \overline{CB}$, alors le triangle ABC est rectangle en A.

Théorème de Pythagore

Dans tout triangle ABC rectangle en A, on a :

$\mathbf{AB^2 + AC^2 = BC^2}$.

Dans tout triangle rectangle, le carré de la mesure de l'hypoténuse est égal à la somme des carrés des mesures des côtés orthogonaux.

Réciproque

Si trois points distincts A, B, C sont tels que $AB^2 + AC^2 = BC^2$, alors le triangle ABC est rectangle en A.

Théorème

Dans tout triangle ABC rectangle en A, où H désigne la projection orthogonale de A sur la droite (BC), on a l'égalité : $\mathbf{HA^2 = -\overline{HB} \times \overline{HC}}$.

Réciproque

A, B, C étant trois points distincts et H la projection orthogonale de A sur la droite (BC), si $HA^2 = -\overline{HB} \times \overline{HC}$, alors le triangle ABC est rectangle en A.

13. MESURE DES AIRES (SURFACES PLANES)

Unités légales

On a choisi comme unités d'aire les aires de carrés dont les côtés ont pour longueurs les unités de longueur. **L'unité principale d'aire est le mètre carré.**
Le mètre carré (m^2) est l'aire d'un carré de 1 m de côté.

Multiples et sous-multiples du mètre carré

Nom	Abréviation	Définition
kilomètre carré	km^2	aire d'un carré de 1 km de côté
hectomètre carré	hm^2	aire d'un carré de 1 hm de côté
décamètre carré	dam^2	aire d'un carré de 1 dam de côté
décimètre carré	dm^2	aire d'un carré de 1 dm de côté
centimètre carré	cm^2	aire d'un carré de 1 cm de côté
millimètre carré	mm^2	aire d'un carré de 1 mm de côté

Chaque unité vaut cent fois l'unité immédiatement inférieure :

1 $km^2 = 100$ hm^2, 1 $hm^2 = 100$ dam^2, 1 $dam^2 = 100$ m^2,
1 $m^2 = 100$ dm^2, 1 $dm^2 = 100$ cm^2, 1 $cm^2 = 100$ mm^2.

Changement d'unité légale

La mesure d'une aire avec une unité légale étant exprimée par un nombre décimal, lorsqu'on change d'unité légale, **la mesure est multipliée ou divisée par 100, ou par 100 × 100,** ou par 100 × 100 × 100, etc., ce qui se traduit par un **déplacement de la virgule** dans le nombre.

→ L'aire d'un appartement est de 98,35 m^2.

hm^2	dam^2	m^2	dm^2	cm^2	mm^2
00	00	98,	35	00	00
00	00	98	35,	00	00
00	00	98	35	00,	00
00	00,	98	35	00	00
00,	00	98	35	00	00

Voici l'aire de l'appartement exprimée :

en m^2 : 98,35;
en dm^2 : 9 835;
en cm^2 : 983 500;
en dam^2 : 0,983 5;
en hm^2 : 0,009 835.

Attention! le déplacement de la virgule se fait par tranches de deux chiffres.

Unités agraires

Pour mesurer les terrains, les bois, les champs, les prairies, on utilise l'*are,* l'*hectare* et le *centiare :*

Nom	Abréviation	Définition	Équivalence
are	a	aire d'un carré de 1 dam de côté	1 a = 1 dam^2
hectare	ha	100 a	1 ha = 1 hm^2
centiare	ca	centième partie de l'are	1 ca = 1 m^2

Calcul d'aires

On choisit une unité de longueur quelconque (m, dm, hm, ...). L'unité d'aire est l'aire du carré dont le côté mesure 1. Par exemple, si l'unité de longueur choisie est le mètre, alors les aires sont mesurées en mètres carrés.

Dans les formules suivantes, les lettres représentent des nombres : A est la mesure de l'aire, x celle d'un angle, π désigne le nombre 3,141 592 653 5..., les autres lettres représentent des mesures de longueur.

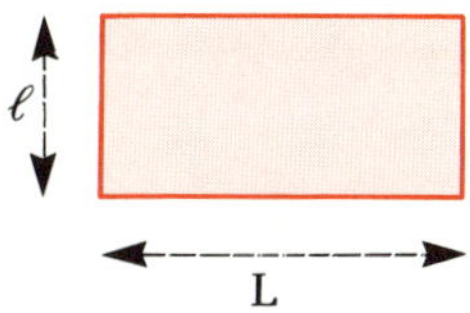

Rectangle

$A = L \times \ell$

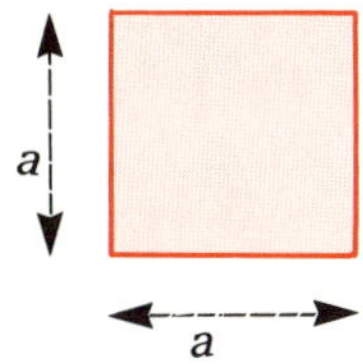

Carré

$A = a \times a$

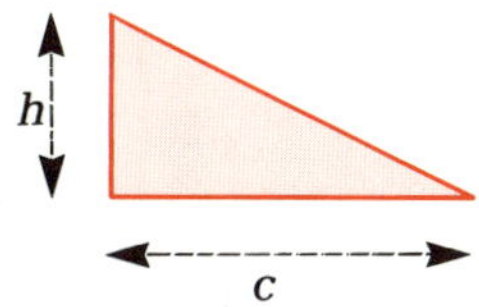

Triangle rectangle

$$A = \frac{c \times h}{2}$$

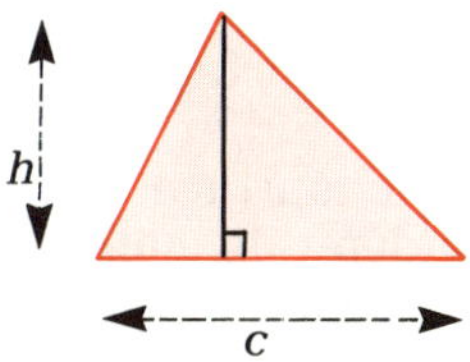

Triangle

$$A = \frac{c \times h}{2}$$

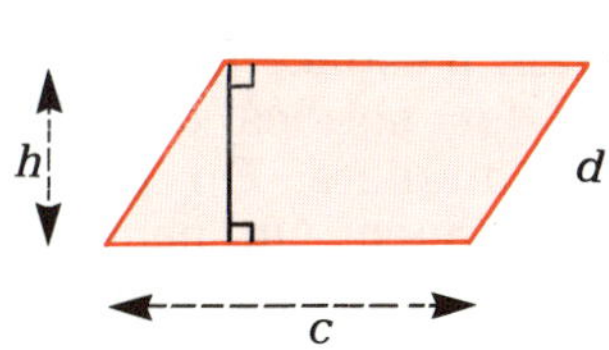

Parallélogramme

$A = c \times h$

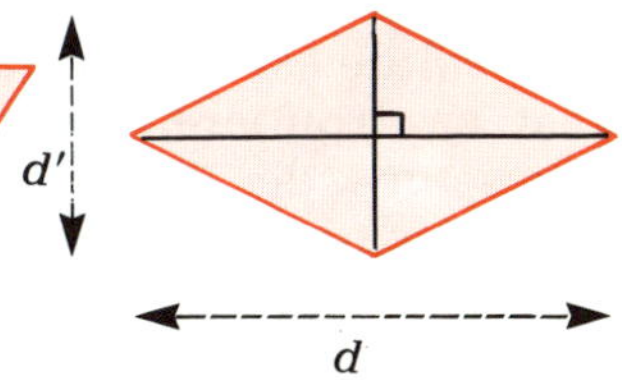

Losange

$$A = \frac{d \times d'}{2}$$

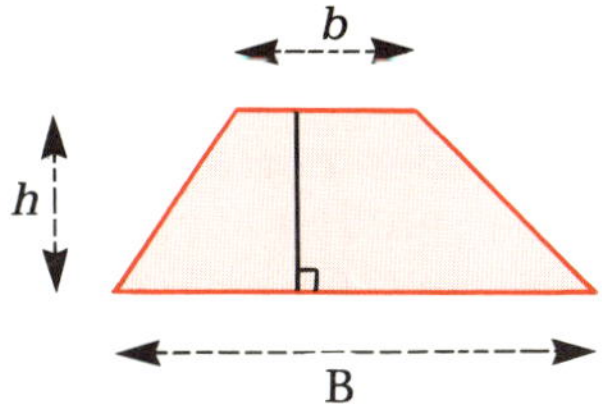

Trapèze

$$A = \frac{(B + b) \times h}{2}$$

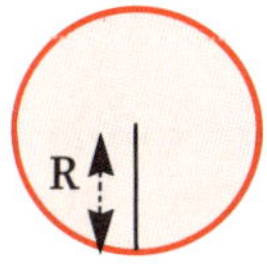

Disque

$A = \pi \times R \times R$

Prendre 3,14 comme valeur approchée de π.

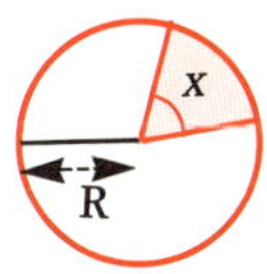

Secteur circulaire

$$A = \frac{\pi \times R \times R \times x}{360}$$

x est la mesure de l'angle en degrés décimaux. Prendre 3,14 comme valeur approchée de π.

14. SOLIDES

Solides

Un solide est une portion d'espace limitée par une surface qui est sa frontière. Tous les solides que l'on va étudier sont présentés de la même manière. On part d'une surface qui enferme une portion d'espace. On peut considérer le **solide ouvert** constitué par les points de l'espace enfermés à l'intérieur de la frontière et le **solide fermé,** c'est-à-dire le solide frontière comprise. Nous ne nous intéresserons qu'aux solides fermés et les mots cube, parallélépipède, prisme, etc. désigneront ici des solides fermés.

Polyèdres

■ **On appelle polyèdre tout solide limité par des portions de plan.** Certains des solides que l'on va étudier (cubes, parallélépipèdes rectangles, prismes droits, pyramides) sont des polyèdres. Les portions de plan qui limitent un polyèdre sont appelées **faces.** Ces faces sont des polygones.

■ Les cylindres de révolution, les cônes, les boules (voir ci-après) ne sont pas des polyèdres car leurs frontières sont constituées en partie (cylindres et cônes) ou totalement (boules) par des surfaces qui ne sont pas des portions de plan.

Le cube

Un dé à jouer, certains morceaux de savon, nous donnent l'idée du cube (fig. 1).

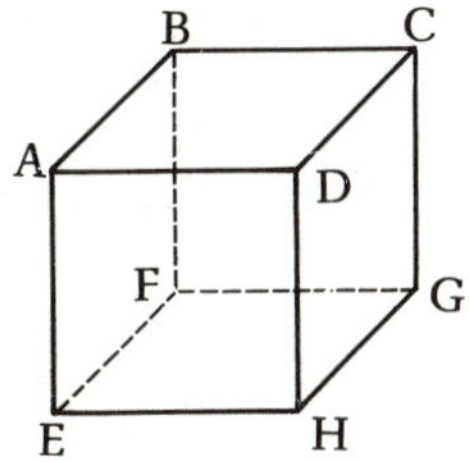

fig. 1

Un cube est une portion d'espace limitée par six carrés qui sont ses faces.

Les six faces sont bordées par douze côtés qui ont tous la même longueur. Ces côtés sont appelés **arêtes** du cube. Par abus de langage, on désigne aussi par arête du cube la longueur commune de ces douze côtés [AB], [BC], [CD], etc. et il est admis de dire, par exemple : « tel cube a 10 cm d'arête ». Les points A, B, C, D, E, F, G, H sont les **sommets** du cube. Ils sont au nombre de huit.

Le parallélépipède rectangle

Un morceau de sucre, une brique pleine, une plaquette de beurre, nous donnent l'idée du parallélépipède rectangle (fig. 2).

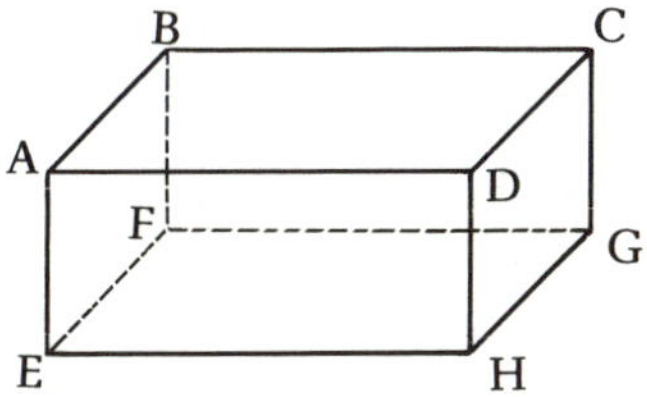

fig. 2

Un parallélépipède rectangle est une portion d'espace limitée par six rectangles qui sont ses faces.

■ Le parallélépipède rectangle a, comme le cube, douze arêtes et huit sommets. Choisissons une unité de longueur. Les douze arêtes se répartissent en trois lots de quatre arêtes, avec, dans chaque lot, une longueur commune pour les quatre arêtes :

$EH = AD = BC = FG;$
$EF = HG = DC = AB;$
$EA = HD = GC = FB.$

■ Les longueurs des trois segments [EH], [EF] et [EA] sont appelées **dimensions** du parallélépipède. Remarquons que, si les trois dimensions d'un parallélépipède rectangle sont égales, ce parallélépipède est un cube, car ses six faces sont alors des carrés. Un cube est donc un parallélépipède particulier.

■ Lorsqu'un parallélépipède est posé sur une table ou sur le sol, la face en contact avec la table ou le sol est appelée **base** du parallélépipède. Les trois dimensions portent alors les noms de **longueur, largeur** et **hauteur.**
Par exemple, sur la figure 2, si EH > EF, les longueurs des trois segments [EH], [EF] et [EA] sont respectivement la longueur, la largeur et la hauteur du parallélépipède.

Remarque : Certains auteurs emploient le mot « pavé » pour désigner un parallélépipède rectangle.

Le prisme droit

Les cristaux de certaines roches, les alvéoles construits par les abeilles dans une ruche, certaines colonnes, nous donnent l'idée du prisme droit (fig. 3).

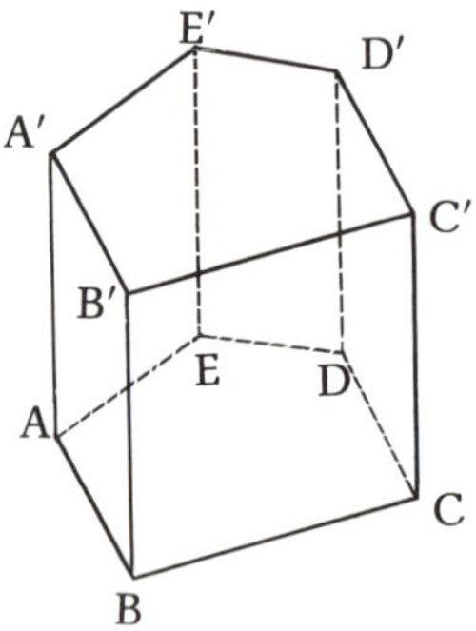

fig. 3

Un prisme droit est une portion d'espace limitée par deux polygones que l'on appelle bases du prisme (ABCDE et A'B'C'D'E' sur la figure 3) **et des rectangles qui sont les faces latérales du prisme** (cinq rectangles sur cette figure).
Le prisme droit représenté à la figure 3 est un prisme à bases pentagonales. Il a dix sommets A, B, C, D, E, A', B', C', D', E'. Les arêtes [AA'], [BB'], [CC'], [DD'] et [EE'] sont les **arêtes latérales** de ce prisme et leur longueur commune est appelée **hauteur** du prisme droit.

Remarque : Si les bases d'un prisme droit sont des rectangles, ce prisme est un parallélépipède rectangle.

La pyramide

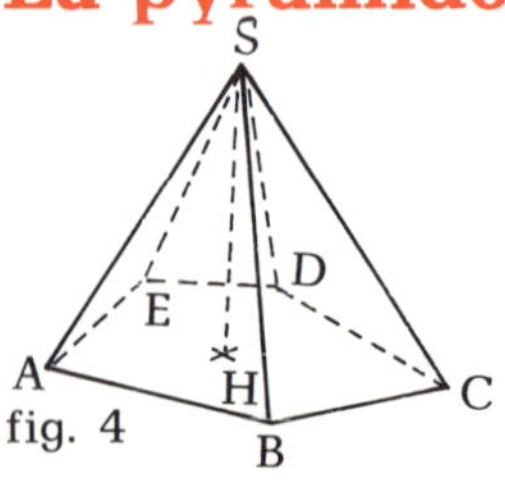

fig. 4

Une pyramide est une portion d'espace limitée par un polygone appelé base de la pyramide et par des triangles ayant un sommet commun S n'appartenant pas au plan de la base.

Ces triangles sont appelés **faces latérales** de la pyramide, S est le **sommet** de la pyramide.
Les côtés des faces latérales qui ne sont pas côtés de la base sont appelés **arêtes latérales** de la pyramide : voir [SA], [SB], [SC], etc. sur la figure 4. La pyramide représentée à la figure 4 est une pyramide à base pentagonale.
Une pyramide à base triangulaire est appelée *tétraèdre* (fig. 5).

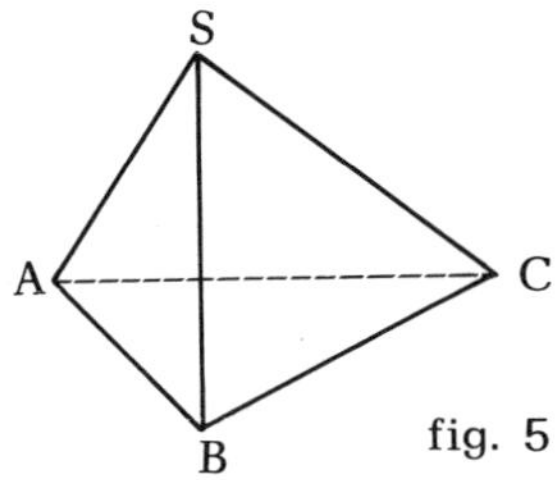

fig. 5

Une pyramide étant posée sur sa base horizontale, l'altitude SH du sommet S au-dessus de la base est la **hauteur** de la pyramide : voir le segment [SH] à la figure 4 (lorsque la base est dans un plan horizontal, le segment [SH] est alors vertical). On emploie le mot hauteur pour désigner le segment [SH] et aussi pour désigner sa longueur.

Pyramide régulière

Une pyramide est régulière lorsque sa base est un polygone régulier et lorsque le point H, pied de la hauteur, est le centre du polygone de base. Toutes les arêtes latérales ont même longueur, les faces latérales sont des triangles isocèles superposables.
Si l'on trace sur chaque face latérale la hauteur issue de S, tous les segments tels que [SK] ont la même longueur. Cette longueur commune est appelée **apothème de la pyramide.**

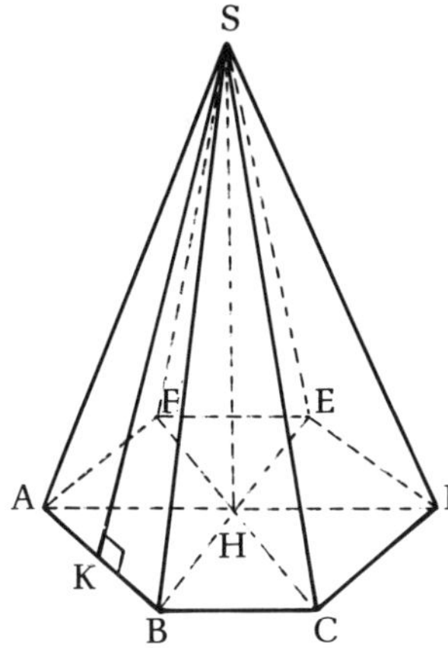

fig. 6

La pyramide représentée à la figure 6 est une pyramide régulière à base hexagonale.
Les pyramides de Gisèh en Égypte, construites pour les pharaons Chéops, Chéphren et Mykérinos, sont des pyramides régulières à bases carrées. La plus grande des pyramides d'Égypte, celle de Chéops, a une hauteur de 137,2 m. Lorsqu'elle fut construite, sa hauteur était de 146,9 m.

Le cylindre de révolution

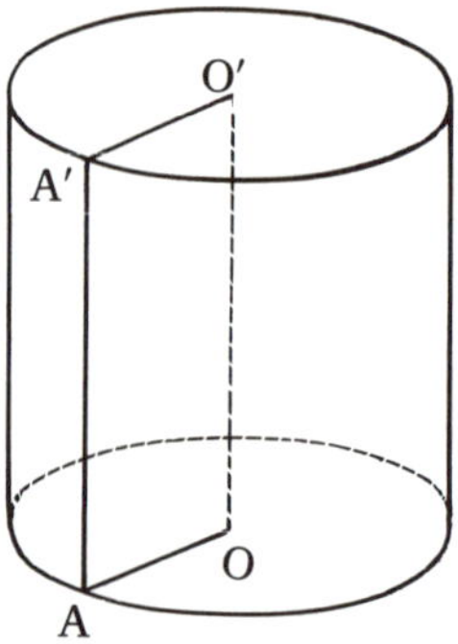

fig. 7

De nombreuses boîtes de conserve, des citernes, certaines colonnes, nous donnent l'idée du cylindre de révolution.

Faisons tourner un rectangle OAA'O' autour de son côté [OO'] (fig. 7). En un tour complet, la ligne brisée formée par les trois segments [OA], [AA'] et [A'O'] engendre une surface qui est la frontière d'un solide appelé cylindre de révolution.

Dans la rotation (ou révolution) autour de [OO'] :

— chacun des segments [OA] et [O'A'] engendre un disque appelé **base** du cylindre;
— le segment [AA'] engendre la **surface latérale** du cylindre;
— toute position de [AA'] est une **génératrice** du cylindre.

La longueur commune des segments [OA] et [O'A'] est le **rayon** du cylindre, la droite (OO') est l'**axe** du cylindre, la longueur du segment [OO'] est la **hauteur** du cylindre.

Le cône de révolution

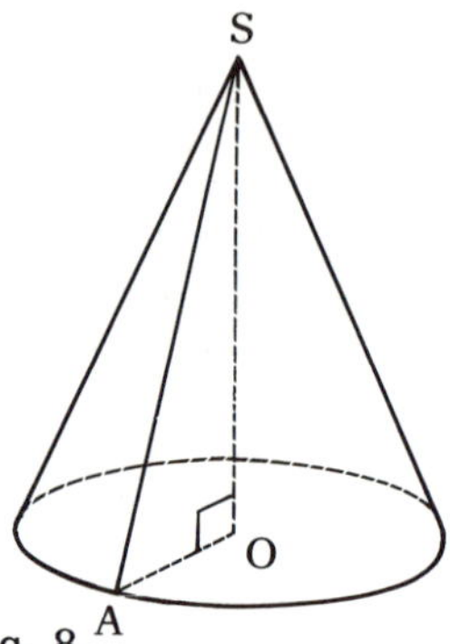

fig. 8

Un entonnoir, certains cornets utilisés par les marchands de glaces, certains chapeaux, certaines toupies, le bout d'un crayon taillé, etc. nous donnent l'idée du cône de révolution.

Faisons tourner un triangle rectangle SOA autour de son côté [SO] (fig. 8). [SO] est porté par l'un des côtés de l'angle droit de sommet O.

En un tour complet, la ligne brisée formée par les deux segments [OA] et [AS] engendre une surface qui est la frontière d'un solide appelé **cône de révolution.**

Dans la rotation (ou révolution) autour de [SO] :
— le segment [OA] engendre un disque appelé **base** du cône;
— le segment [AS] engendre la **surface latérale** du cône;
— toute position de [AS] est une **génératrice** du cône.

Le point S est appelé **sommet** du cône, la longueur du segment [OA] est le **rayon** du cône, l'expression « **axe** du cône » désigne la droite (SO), la longueur du segment [SO] est la **hauteur** du cône.

La longueur commune des génératrices est appelée « **apothème** du cône ».

Sphère et boule

Une balle de ping-pong, une bulle de savon, un ballon de football, nous donnent l'idée de la sphère qui est une surface; une boule de fromage, des billes, une orange, nous donnent l'idée de la boule qui est un solide.

Faisons tourner un demi-cercle $\mathcal{C}$ d'extrémités A et B autour du diamètre [AB] (fig. 9). Il s'agit du demi-cercle, extrémités comprises (demi-cercle fermé). Appelons O le centre du demi-cercle.

En un tour complet, le demi-cercle $\mathcal{C}$ engendre une surface $\mathcal{S}$ appelée **sphère.**

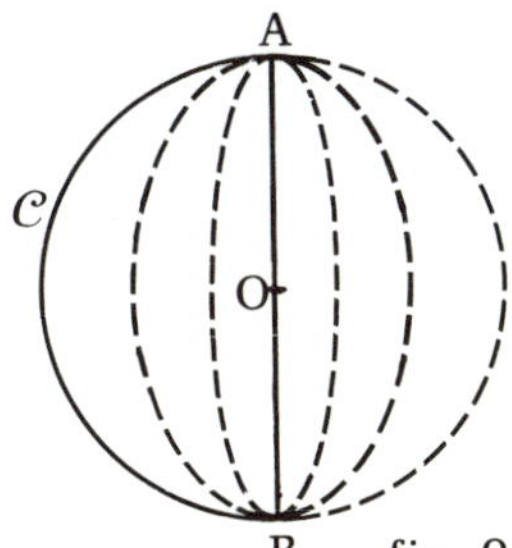

fig. 9

La sphère $\mathcal{S}$ est l'ensemble des points M de l'espace vérifiant : OM = OA.

Le point O, la longueur du segment [OA], la longueur du segment [AB] sont respectivement le **centre,** le **rayon** et le **diamètre** de la sphère $\mathcal{S}$.

La sphère $\mathcal{S}$ obtenue par rotation (ou révolution) autour de la droite (AB) est une **surface de révolution.**
La sphère $\mathcal{S}$ est la frontière d'un solide $\mathcal{B}$ appelé **boule,** de centre O et de rayon OA.

La boule $\mathcal{B}$ est l'ensemble des points M de l'espace vérifiant : OM $\leqslant$ OA.

Remarque
Les mots « **rayon** » et « **diamètre** » sont couramment employés avec deux sens différents :

- Ces mots **peuvent désigner des segments.**
Tout segment qui a comme extrémités le point O et un point de la sphère est appelé rayon de la sphère ou rayon de la boule. Tout segment qui joint deux points de la sphère et qui passe par O est appelé diamètre de la sphère ou diamètre de la boule.

- Ces mots **peuvent aussi désigner des longueurs :** longueur d'un rayon ou longueur d'un diamètre.

Calcul d'aires

On choisit une unité de longueur quelconque (m, dm, cm, ...). L'unité d'aire est alors l'aire du carré dont le côté mesure 1. Par exemple, si l'unité de longueur choisie est le centimètre, alors les aires sont mesurées en centimètres carrés.

Les lettres employées dans les formules représentent des nombres.
S_ℓ et S désignent respectivement la mesure de l'aire latérale et la mesure de l'aire totale;
p, *h* et *a* sont respectivement les mesures du périmètre de base, de la hauteur et de l'apothème;
R désigne la mesure du rayon lorsque la base ou les bases sont des disques ou lorsqu'il s'agit de la sphère.
On prend 3,14 comme valeur approchée de π.

Parallélépipède rectangle

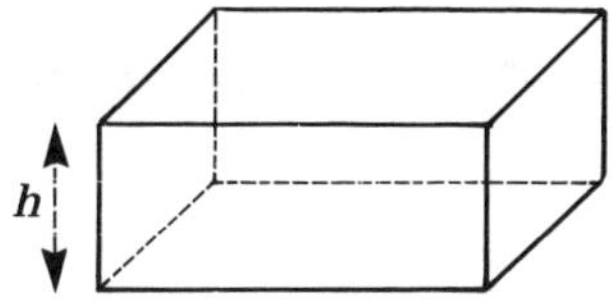

$\mathbf{S}_\ell = \boldsymbol{p \times h}$

Prisme droit

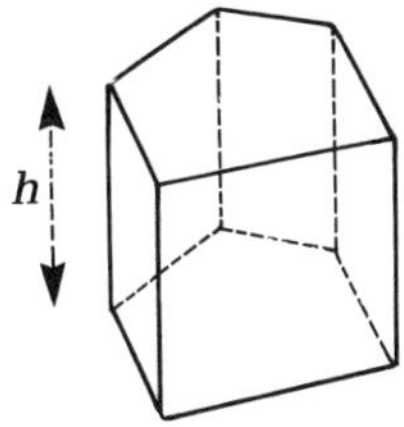

$\mathbf{S}_\ell = \boldsymbol{p \times h}$

Pyramide régulière

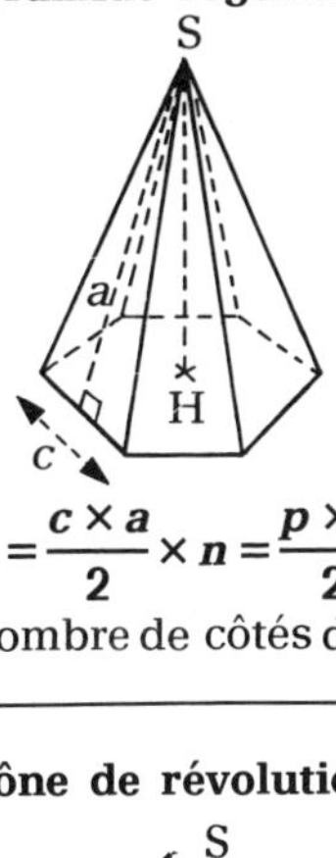

$$\mathbf{S}_\ell = \frac{\boldsymbol{c \times a}}{\mathbf{2}} \times \boldsymbol{n} = \frac{\boldsymbol{p \times a}}{\mathbf{2}}$$

n est le nombre de côtés de la base.

Cylindre de révolution

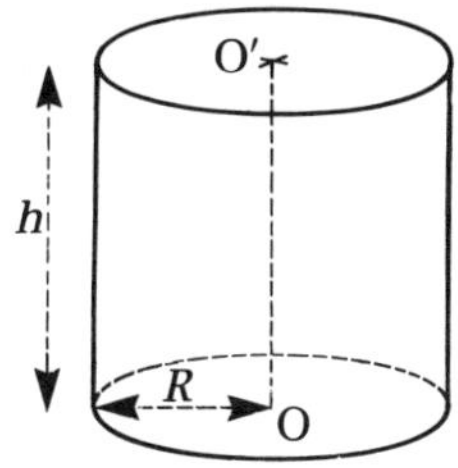

$\mathbf{S}_\ell = \boldsymbol{p \times h} = \mathbf{2} \times \boldsymbol{\pi} \times \boldsymbol{R} \times \mathbf{h}$

Cône de révolution

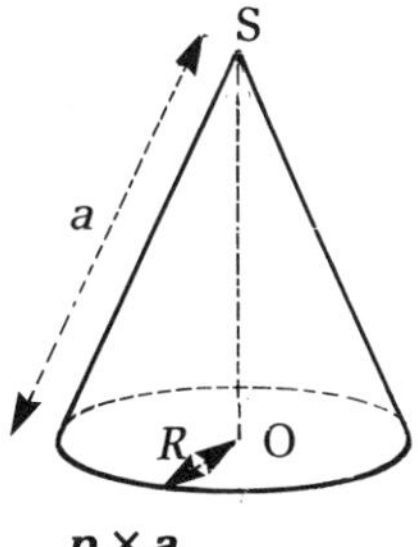

$$\mathbf{S}_\ell = \frac{\boldsymbol{p \times a}}{\mathbf{2}} = \boldsymbol{\pi} \times \boldsymbol{R} \times \mathbf{a}$$

Sphère

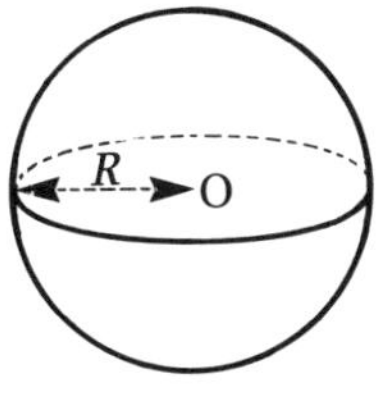

$\mathbf{S} = \mathbf{4} \times \boldsymbol{\pi} \times \boldsymbol{R} \times \boldsymbol{R}$

15. MESURE DES VOLUMES ET DES CAPACITÉS

Unités légales de volume

On a choisi comme unités de volume les volumes de cubes dont les arêtes ont pour longueurs les unités de longueur. **L'unité principale de volume est le mètre cube.**
Le **mètre cube (m^3)** est le volume d'un cube de 1 m d'arête.

Multiples du mètre cube

Nom	Abréviation	Définition
kilomètre cube	km^3	volume d'un cube de 1 km d'arête
hectomètre cube	hm^3	volume d'un cube de 1 hm d'arête
décamètre cube	dam^3	volume d'un cube de 1 dam d'arête

Sous-multiples du mètre cube

Nom	Abréviation	Définition
décimètre cube	dm^3	volume d'un cube de 1 dm d'arête
centimètre cube	cm^3	volume d'un cube de 1 cm d'arête
millimètre cube	mm^3	volume d'un cube de 1 mm d'arête

On emploie très peu les multiples du mètre cube qui sont des unités trop grandes.

Chaque unité vaut mille fois l'unité immédiatement inférieure :

1 km^3 = 1 000 hm^3, 1 hm^3 = 1 000 dam^3, 1 dam^3 = 1 000 m^3,
1 m^3 = 1 000 dm^3, 1 dm^3 = 1 000 cm^3, 1 cm^3 = 1 000 mm^3.

Changement d'unité légale

La mesure d'un volume avec une unité légale étant exprimée par un nombre décimal, lorsqu'on change d'unité légale, **la mesure est multipliée ou divisée par 1 000, ou par 1 000 × 1 000, ou par 1 000 × 1 000 × 1 000, etc.,** ce qui se traduit par un **déplacement de la virgule** dans le nombre.

→ Le volume d'un chargement de sable est de 26 m^3.

dam^3	m^3	dm^3	cm^3	mm^3
000	026 ,	000	000	000
000	026	000 ,	000	000
000 ,	026	000	000	000
000	026	000	000 ,	000
000	026	000	000	000 ,

Voici le volume du sable exprimé :
en m^3 : 26;
en dm^3 : 26 000;
en dam^3 : 0,026;
en cm^3 : 26 000 000;
en mm^3 : 26 000 000 000.
Attention! le déplacement de la virgule se fait par tranches de trois chiffres.

Calcul de volumes

On choisit une unité de longueur quelconque (m, dm, cm, ...). L'unité d'aire est alors l'aire du carré dont le côté mesure 1 et l'unité de volume est le volume du cube dont l'arête mesure 1. Par exemple, si l'unité de longueur choisie est le mètre, alors les aires sont mesurées en mètres carrés et les volumes en mètres cubes.

Dans les formules suivantes :
V est le nombre qui mesure le volume;
a, b, c sont les nombres qui mesurent les longueurs des arêtes;
B et h sont les nombres qui mesurent l'aire de la base (surface hachurée) et la hauteur;
$\pi = 3{,}141\,592\,653\,5...$; on prend 3,14 comme valeur approchée de π.
R est le nombre qui mesure la longueur d'un rayon.

Cube

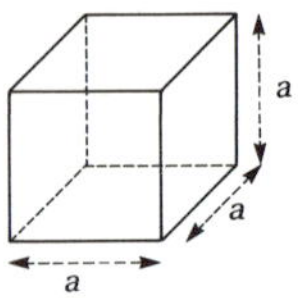

$$V = a \times a \times a$$

Parallélépipède rectangle ou pavé

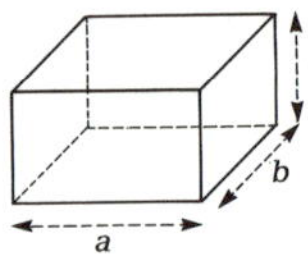

$$V = a \times b \times c$$

Prisme droit

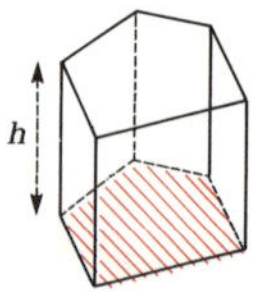

$$V = B \times h$$

Pyramide

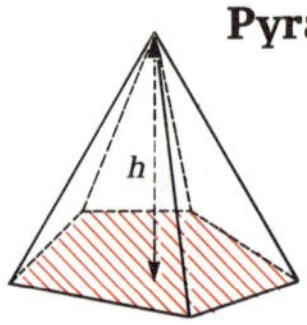

$$V = \frac{B \times h}{3}$$

Cylindre de révolution

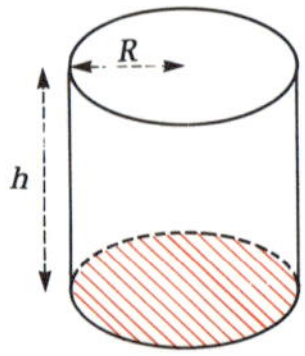

$$V = B \times h = \pi \times R \times R \times h$$

Cône de révolution

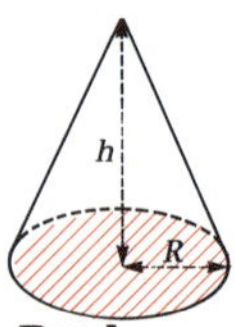

$$V = \frac{B \times h}{3} = \frac{\pi \times R \times R \times h}{3}$$

Boule

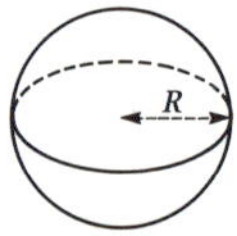

$$V = \frac{4 \times \pi \times R \times R \times R}{3}$$

Unités légales de capacité

L'unité principale de capacité est le litre (noté ℓ).
La définition du litre est la suivante : $1\ \ell = 1\ dm^3$.

Multiples et sous-multiples du litre

Nom	Abréviation	Définition
hectolitre	hℓ	100 ℓ
décalitre	daℓ	10 ℓ
décilitre	dℓ	dixième partie du litre
centilitre	cℓ	centième partie du litre
millilitre	mℓ	millième partie du litre

Chaque unité vaut dix fois l'unité immédiatement inférieure :
1 hℓ = 10 daℓ, 1 daℓ = 10 ℓ, 1 ℓ = 10 dℓ, 1 dℓ = 10 cℓ, 1 cℓ = 10 mℓ.

Changement d'unité légale

La mesure d'une capacité avec une unité légale étant exprimée par un nombre décimal, lorsqu'on change d'unité légale, **la mesure est multipliée ou divisée par 10, 100, 1 000, etc., ce qui se traduit par un déplacement de la virgule dans le nombre.**

→ La capacité d'un tonneau est de 97 ℓ. Voici la capacité du tonneau exprimée :
en ℓ : 97
en daℓ : 9,7
en hℓ : 0,97
en dℓ : 970
en cℓ : 9 700

hℓ	daℓ	ℓ	dℓ	cℓ	mℓ
0	9	7 ,	0	0	0
0	9 ,	7	0	0	0
0 ,	9	7	0	0	0
0	9	7	0 ,	0	0
0	9	7	0	0 ,	0

16. MESURE DES MASSES, MASSES VOLUMIQUES

Poids et masse

■ Quand on veut soulever un corps quelconque, il faut exercer sur lui une force vers le haut de façon à vaincre son **poids.** Tous les corps sont pesants, car ils sont attirés par notre planète, la Terre : **le poids d'un corps est la force exercée par la Terre sur ce corps.**
Soulevons un petit sac de sable à moitié plein. Ajoutons du sable et remplissons le sac. On peut s'assurer, en soulevant le sac, que son poids a augmenté : le poids d'un corps dépend de la quantité de matière constituant ce corps.
On appelle masse d'un objet quelconque la quantité de matière que contient cet objet.

■ **Le poids d'un corps varie** lorsque ce corps est transporté d'un lieu dans un autre lieu : d'une part, le poids diminue lorsque l'altitude où se trouve le corps augmente; d'autre part, le poids d'un corps augmente faiblement si l'on transporte ce corps de l'équateur terrestre au pôle (nord ou sud).
Le poids d'un objet sur la Lune, force d'attraction exercée par la Lune sur ce corps, est environ six fois plus faible que le poids de ce même corps sur la Terre.

Au contraire, **la masse d'un objet est invariable,** quel que soit le lieu où on le place : sur la Terre, sur la Lune...

■ L'unité principale utilisée pour mesurer les poids est le **newton** noté **N.**
L'unité principale utilisée pour mesurer les masses est le **kilogramme** noté **kg.**
Dans la vie courante, on entend des phrases comme celles-ci :
« Ce sac de ciment a un poids de 25 kg. »
« Je pèse 63 kg. »
Il faudrait parler de masse et non de poids, car le kilogramme n'est pas une unité de mesure pour les poids.

Comparaison de masses

Si les masses de deux corps sont égales, alors ces deux corps ont le même poids en un lieu donné.

La balance (fig. 1 à 3) permet de comparer les poids de deux corps et donc de comparer leurs masses :

Figure 1 : les plateaux sont vides; le fléau est horizontal; on dit que la balance est en équilibre.

Figure 2 : le fléau est horizontal; la balance est en équilibre; les corps I et J ont la même masse.

Figure 3 : le fléau penche du côté du corps I; le corps I a une masse supérieure à celle du corps K.

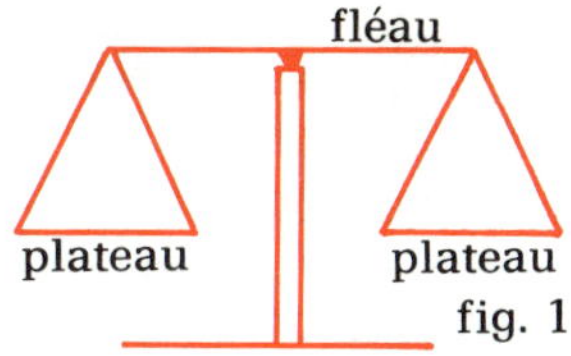

fig. 1

fig. 2

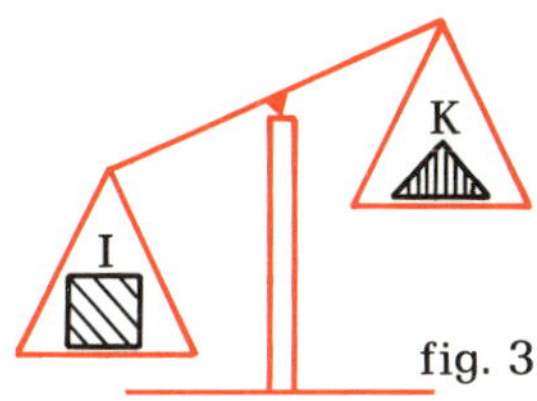

fig. 3

Unités légales de masse

L'unité principale de masse est le kilogramme (kg).
Le kilogramme est la masse d'un cylindre en platine iridié (alliage de platine et d'un autre métal appelé iridium) déposé au Bureau International des Poids et Mesures, à Sèvres.
Le kilogramme est très voisin de la masse d'un litre d'eau pure à la température de quatre degrés.

Multiples du kilogramme

Nom	Abréviation	Définition
tonne	t	1 000 kg
quintal	q	100 kg

Multiples et sous-multiples du gramme

Nom	Abréviation	Définition
kilogramme	kg	étalon en platine iridié
hectogramme	hg	100 g
décagramme	dag	10 g
gramme	g	millième partie du kilogramme
décigramme	dg	dixième partie du gramme
centigramme	cg	centième partie du gramme
milligramme	mg	millième partie du gramme

Remarque : Le quintal, toujours employé, n'est plus une unité légale depuis 1982.

Voici les unités légales dans l'ordre décroissant des masses, du kilogramme au milligramme :

kg, hg, dag, g, dg, cg, mg.

Chaque unité vaut dix fois l'unité immédiatement inférieure :

1 kg = 10 hg; 1 hg = 10 dag; 1 dag = 10 g; 1 g = 10 dg;
1 dg = 10 cg; 1 cg = 10 mg.

Changement d'unité légale

La mesure d'une masse avec une unité légale étant exprimée par un nombre décimal, lorsqu'on change d'unité légale, **la mesure est multipliée ou divisée par 10, 100, 1 000, etc., ce qui se traduit par un déplacement de la virgule dans le nombre.**

⟶ La masse d'un colis est 2,45 kg.

kg	hg	dag	g	dg	cd	mg
2,	4	5	0	0	0	0
2	4	5	0,	0	0	0
2	4,	5	0	0	0	0
2	4	5	0	0	0	0,
2	4	5,	0	0	0	0

Voici la masse du colis exprimée :

en kg : 2,45;
en g : 2 450;
en hg : 24,5;
en mg : 2 450 000;
en dag : 245.

Masse volumique

Définition; unités

■ **La masse volumique d'une substance homogène est la masse de cette substance par unité de volume.**
Une substance est dite **homogène** si des échantillons quelconques de cette substance ayant même volume ont aussi même masse.

⟶ La masse volumique du fer est 7,8 g par cm^3, ou encore 7,8 kg par dm^3, ou encore 7,8 t par m^3, ou encore 7 800 kg par m^3.

■ **L'unité légale de masse volumique est le kilogramme par mètre cube (kg/m^3).**
On utilise aussi :
— le gramme par centimètre cube (g/cm^3),
— le kilogramme par décimètre cube (kg/dm^3),
— la tonne par mètre cube (t/m^3).
Ces trois unités correspondent à la même masse volumique : 1 g/cm^3 = 1 kg/dm^3 = 1 t/m^3.
En effet : si la masse du cm^3 est 1 g, celle du dm^3 est 1 000 g (1 kg) et celle du m^3 est 1 000 kg (1 t).

Quelques masses volumiques

Le tableau suivant donne les masses volumiques de quelques liquides et solides à la température ordinaire (l'unité de masse volumique choisie est le g/cm^3, ou le kg/dm^3, ou la t/m^3). Les solides et liquides sont rangés dans l'ordre décroissant des masses volumiques.

Solides				**Liquides**	
platine	21,5	aluminium	2,7	mercure	13,6
or	19,3	verre (vitre)	2,5	lait (vache)	1,03
plomb	11,3	ivoire	2	eau de mer	1,03
argent	10,5	silex	1,7	eau pure à la température de 4 degrés	1
cuivre	8,9	anthracite	1,4	vin	0,99
nickel	8,9	noyer	0,80	huile (olive)	0,92
fer	7,8	chêne	0,70	alcool pur	0,79
étain	7,2	sapin	0,65	essence (super)	0,77
zinc	7,1	peuplier	0,45	essence (ordinaire)	0,72
diamant	3,5	liège	0,24	éther pur	0,72

Calculs

1. *2,5 ℓ de lait de vache ont une masse de 2,575 kg. Calculer la masse volumique du lait de vache.*
Masse volumique du lait (en kg/dm^3) :

2,575 : 2,5 = 1,03.

La masse volumique du lait est 1,03 kg/dm^3, ou 1,03 g/cm^3, ou 1,03 t/m^3, ou 1 030 kg/m^3.

2. *Le plomb a une masse volumique de 11,3 kg/dm^3. Quelle est la masse d'une plaque de plomb dont le volume est 3,7 dm^3?*
Masse de la plaque (en kg) :

11,3 × 3,7 = 41,81.

3. *La masse volumique de l'or est 19,3 g/cm^3. Quel est le volume d'un bijou en or dont la masse est 34,74 g.*
Volume du bijou (en cm^3) :

34,74 : 19,3 = 1,8.

Formules

Entre les mesures *M*, *V* et *m* de la masse, du volume et de la masse volumique d'un corps homogène, on a les égalités suivantes :

$$\frac{M}{V} = m; \quad m \times V = M; \quad \frac{M}{m} = V.$$

Il s'agit de la même relation entre *M*, *V* et *m* écrite sous trois formes différentes.

Attention au choix de l'unité pour la mesure *m* de la masse volumique dans ces formules :

— si *M* est la mesure de la masse en kg et *V* la mesure du volume en m^3, alors *m* est la mesure de la masse volumique en kg/m^3;

— si *M* est la mesure de la masse en *g* et *V* la mesure du volume en cm^3, alors *m* est la mesure de la masse volumique en g/cm^3;

— etc.

Quand on a choisi l'unité de masse et l'unité de volume, il faut choisir l'unité de masse volumique qui correspond aux deux premières unités.

17. MESURE DU TEMPS, DURÉES

Unités légales

L'unité légale pour mesurer le temps est la seconde (s).
La définition de la seconde est affaire de spécialistes : la seconde est la durée de 9 192 631 770 périodes de la radiation correspondant à la transition entre les deux niveaux hyperfins de l'état fondamental de l'atome de césium 133.

Multiples et sous-multiples de la seconde

Nom	Abréviation	Définition
année normale		365 j
jour	j ou d	24 h
heure	h	60 min
minute	min	60 s

dixième, centième, millième de seconde

Remarques

■ Pour le **jour,** on emploie comme abréviation j ou d (« day » signifie « jour » en anglais).

■ **L'année normale** contient 365 jours (il y a 28 jours en février).

■ **L'année bissextile** contient 366 jours (il y a 29 jours en février). Une année est bissextile si son millésime est divisible par 4 (les années 1988, 1992, 1996, par exemple, sont des années bissextiles). Il y a exception pour les années séculaires dont le millésime est un multiple de 100. Elles devraient être toutes bissextiles. En fait, ne sont bissextiles que celles dont le millésime est divisible par 400; l'année 1900, par exemple, n'a pas été bissextile, l'année 2000 le sera.

■ Pour la facturation d'un temps de travail, on utilise les **sous-multiples décimaux de l'heure.**

⟶ Une durée de 1,75 h équivaut à 1 h 45 min, puisque $\frac{75}{100}$ d'heure, c'est $\frac{3}{4}$ d'heure.

Une durée de 2 h 12 min équivaut à 2,2 h, puisque 12 min, c'est $\frac{12}{60}$ d'heure, c'est-à-dire $\frac{2}{10}$ d'heure.

Calculs sur les durées

Exprimer une durée avec une seule unité

a) *Convertir en minutes* 7 *h* 28 *min.*

$7 \times 60 = 420$; 7 h = 420 min;
$420 + 28 = 448$; 7 h 28 min = 448 min.

b) *Convertir en secondes* 2 *h* 17 *min* 31 *s.*

$60 \times 17 = 1\,020$; 17 min = 1 020 s;
$3\,600 \times 2 = 7\,200$; 2 h = 7 200 s;
$7\,200 + 1\,020 + 31 = 8\,251$; 2 h 17 min 31 s = 8 251 s.

Exprimer une durée en h, min, s

a) *Exprimer* 389 *min en h, min.*

389	60
29	6

389 min = 6 h 29 min.

b) *Exprimer* 9 258 *s en h, min, s.*

```
9258 | 60
325  |----
 258 | 154
  18 |
```

9 258 s = 154 min 18 s;

```
154 | 60
 34 |----
    | 2
```

154 min = 2 h 34 min.

Donc : 9 258 s = 2 h 34 min 18 s.

Addition

a)	3 h	27 min	19 s	On additionne dans chaque colonne :
+	2 h	15 min	38 s	secondes : 19 + 38 = 57,
=	5 h	42 min	57 s	minutes : 27 + 15 = 42, heures : 3 + 2 = 5.

b)	2 h	53 min	8 s	On additionne dans chaque colonne.
+	1 h	49 min	41 s	
=	3 h	102 min	49 s	102 min = 1 h 42 min
=	4 h	42 min	49 s	On trouve 4 h 42 min 49 s.

c)	3 h	46 min	57 s	On additionne dans chaque colonne.
+	2 h	49 min	28 s	
=	5 h	95 min	85 s	85 s = 1 min 25 s.
=	5 h	96 min	25 s	On trouve 5 h 96 min 25 s.
=	6 h	36 min	25 s	96 min = 1 h 36 min. On trouve 6 h 36 min 25 s.

Soustraction

a)	4 h	56 min	39 s	Il est possible, ici, de calculer les différences dans chaque colonne :
−	1 h	17 min	8 s	secondes : 39 − 8 = 31,
=	3 h	39 min	31 s	minutes : 56 − 17 = 39, heures : 4 − 1 = 3.

b)

	10 h	**22 min**	**72 s**
	10 h	23 min	12 s
−	5 h	7 min	48 s
=	5 h	15 min	24 s

Il est impossible, ici, de calculer 12 − 48 dans la colonne des secondes.
On convertit en secondes l'une des 23 minutes.

c)

	7 h	**91 min**	**28 s**
	8 h	31 min	28 s
−	2 h	43 min	19 s
=	5 h	48 min	9 s

Il est impossible, ici, de calculer 31 − 43 dans la colonne des minutes.
On convertit en minutes l'une des 8 heures.

d)

	10 h	**62 min**	**77 s**
	11 h	**2 min**	**77 s**
	11 h	3 min	17 s
−	3 h	48 min	53 s
=	7 h	14 min	24 s

Il est impossible de calculer 17 − 53 dans la colonne des secondes. On convertit l'une des 3 minutes en secondes.
Il est impossible de calculer 2 − 48 dans la colonne des minutes. On convertit l'une des 11 heures en minutes.

Multiplication par un entier

	3 h	41 min	26 s
×			7
=	21 h	287 min	182 s
=	21 h	290 min	2 s
=	25 h	50 min	2 s

On calcule les trois produits :

26 × 7, 41 × 7, 3 × 7;

on convertit :
182 s = 3 min 2 s;
290 min = 4 h 50 min.

Division par un entier

19 h 47 min 27 s | 7

5 h → 300 min

347 min

67

4 min → 240 s

267 s

57

10

30

2

2 h 49 min 38,14 s

Le quotient entier de 19 par 7 est 2; le reste est 5.
On convertit les 5 heures en minutes.
Le quotient entier de 347 par 7 est 49; le reste est 4.
On convertit les 4 minutes en secondes.
Le quotient de 267 par 7 est 38,14...

18. VITESSES ET DÉBITS

Vitesse d'un mouvement uniforme

■ **Le mouvement d'un mobile** (corps qui se déplace) **est uniforme si la distance parcourue pendant des durées égales est toujours la même :**
— chaque heure, le mobile parcourt la même distance d_1,
— chaque minute, le mobile parcourt la même distance d_2,
— chaque seconde, le mobile parcourt la même distance d_3,
— chaque dixième de seconde, le mobile parcourt la même distance d_4,
— etc.
Ce genre de mouvement régulier est difficile à obtenir sur une longue durée (plusieurs heures par exemple) avec les véhicules usuels (vélo, auto, train, bateau, avion).

■ Imaginons un cycliste se déplaçant sur une route droite, en plaine; il fait beau, il n'y a pas le moindre souffle de vent. Le cycliste appuie régulièrement sur les pédales. Chaque seconde, il avance de 10 m. Si le cycliste est capable de maintenir régulièrement sa cadence pendant une minute, il parcourt 600 m pendant cette minute (car $10 \times 60 = 600$). Si le cycliste est bien entraîné, s'il peut poursuivre son effort régulièrement pendant une heure, il va parcourir 0,6 km chaque minute, et, au bout de l'heure, la distance parcourue sera de 36 km (car $0,6 \times 60 = 36$).
On dit que la vitesse de ce cycliste est de 10 mètres par seconde, ou de 600 mètres par minute, ou de 0,6 kilomètre par minute, ou de 36 kilomètres par heure.

Exemples de mouvements uniformes

Le son (dans l'air, à température constante) et la lumière (dans le vide) se propagent en ligne droite avec des mouvements uniformes.

■ **Dans l'air,** à la température de 0°, **la vitesse du son est de 331 mètres par seconde;** à la température de 20°, la vitesse du son est de 343 mètres par seconde.

■ **La vitesse de la lumière dans le vide est de 299 792 458 mètres par seconde;** cette vitesse est très voisine de 300 000 kilomètres par seconde.

Unités de vitesse

■ **L'unité principale de vitesse est le mètre par seconde (m/s).**

■ Pour les **automobiles,** les trains, les avions, on utilise le **kilomètre par heure (km/h).** On dit aussi : « kilomètre à l'heure ».

■ Pour les **bateaux,** on mesure les vitesses en **nœuds.** Le nœud est la vitesse d'un bateau qui parcourt 1 mille marin par heure. Le mille marin vaut 1 852 m. Il est très voisin de la longueur d'un arc de méridien de 1′, laquelle mesure 1 852,22 m.

■ Pour les **avions** se déplaçant à grande vitesse, on exprime la vitesse en **nombre de Mach.** Dire qu'un avion vole à Mach 2, c'est dire que sa vitesse est le double de celle du son (dans la zone traversée par l'avion). Un avion est supersonique s'il peut se déplacer plus vite que le son, c'est-à-dire si sa vitesse peut dépasser Mach 1.

Vitesse instantanée

L'aiguille du compteur de vitesse d'une voiture se déplace suivant que le conducteur de la voiture accélère ou freine. Cette aiguille indique la vitesse de la voiture à chaque instant (vitesse instantanée).

Lorsque le mouvement d'un mobile est uniforme, sa vitesse instantanée est constante (elle est la même à chaque instant). Si une voiture, par exemple, a un mouvement uniforme, l'aiguille du compteur de vitesse reste immobile sur une graduation.

Vitesse moyenne

Une voiture a parcouru 288 kilomètres en 4 heures. Sa vitesse instantanée a varié entre 0 km/h (lorsque le conducteur s'est arrêté pour faire le plein d'essence) et 130 km/h (quand la voiture roulait sur l'autoroute). Suivant les difficultés rencontrées (côtés à gravir, virages, circulation ralentie), l'aiguille du compteur de vitesse a occupé toutes les positions possibles de 0 à 130.

Le conducteur peut calculer la **vitesse moyenne** de sa voiture sur le parcours de la façon suivante :
en 4 h, la voiture parcourt 288 km;
en 1 h, la voiture parcourt en moyenne 72 km (car 288 : 4 = 72);
la vitesse moyenne de l'auto est donc de 72 km/h.
Cette vitesse moyenne de 72 km/h est la vitesse d'une auto imaginaire, animée d'un mouvement uniforme (l'aiguille du compteur de vitesse reste immobile sur 72), effectuant le même parcours (288 km), dans le même temps (4 h).

Calculs (mouvements uniformes)

1. *Quelle est la distance parcourue en 46 minutes par un avion volant à 720 km/h?*

Vitesse en km/min :

720 : 60 = 12.

Distance (en km) parcourue en 46 min :

12 × 46 = 552.

2. *Un train à grande vitesse parcourt 56 km en 14 minutes. Son mouvement est uniforme. Quelle est la vitesse du train en km/h?*

Vitesse en km/min :

56 : 14 = 4.

Vitesse en km/h :

4 × 60 = 240.

3. *Un piéton marche à la vitesse de 8 km/h. Il parcourt 14 km. Pendant combien de temps a-t-il marché?*

Durée de la marche (en h) :

14 : 8 = 1,75.

75 centièmes d'heure correspondent à 45 min, car

$$60 \times \frac{75}{100} = 45.$$

Le piéton a marché pendant 1 h 45 min.

Débits

On appelle débit d'un fleuve ou d'une rivière (à une date donnée et en un lieu déterminé) le volume d'eau (mesuré en m^3) qui passe en cet endroit en une seconde.

L'unité principale de débit est le mètre cube par seconde (m^3/s).
Le débit du Rhône à Givors peut varier entre 700 m^3/s et 1 200 m^3/s, avec une moyenne sur l'année de 1 000 m^3/s.
Le débit de la Loire à Orléans peut varier entre 25 m^3/s et 8 000 m^3/s, avec une moyenne sur l'année de 350 m^3/s.

On utilise aussi **le litre par seconde (ℓ/s)** comme unité de débit (pour les robinets, les lances d'incendie).

→ On remplit un bidon de 15 litres de capacité en utilisant un robinet qui coule à plein régime. Il faut 1 min 40 s pour remplir le bidon.

1 min 40 s = 100 s.

Il s'écoule donc, chaque seconde, 0,15 ℓ de ce robinet (puisque 15 : 100 = 0,15).
Le robinet a un débit de 0,15 ℓ/s.

19. VECTEURS, TRANSLATIONS

Bipoints équipollents

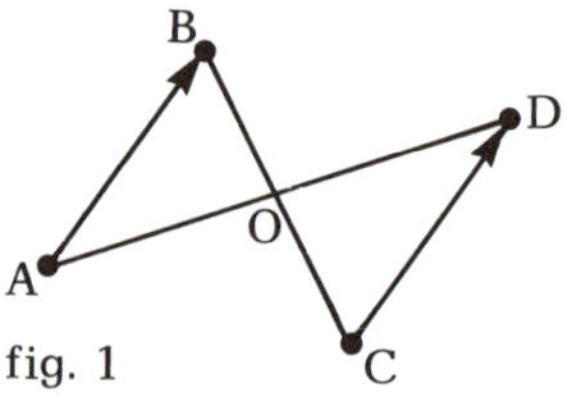

fig. 1

Définitions

Un bipoint est **un couple de points,** c'est-à-dire **un ensemble ordonné de deux points.**

Voir sur la figure 1:
le « bipoint A, B » noté (A, B), le « bipoint C, D » noté (C, D).

Attention, le bipoint (A, B) est différent du bipoint (B, A), le bipoint (C, D) est différent du bipoint (D, C).

Remarque
Pour indiquer un bipoint sur une figure, on trace un segment fléché (fig. 1).

> **On dit que les bipoints (A, B) et (C, D) sont équipollents si les segments [AD] et [BC] ont le même milieu;**
> on écrit : (A, B) eq (C, D).
>
> **(A, B) eq (C, D) si et seulement si [AD] et [BC] ont même milieu.**

La relation d'équipollence

Dans l'ensemble des bipoints du plan, la relation « est équipollent à » est une **relation d'équivalence,** car elle est :

■ **réflexive :** quels que soient les points M et N,

(M, N) eq (M, N);

■ **symétrique :** quels que soient les points M, N, P, Q, si (M, N) eq (P, Q) alors (P, Q) eq (M, N);

■ **transitive :** quels que soient les points M, N, P, Q, R, S, si (M, N) eq (P, Q) et (P, Q) eq (R, S), alors (M, N) eq (R, S).

Vecteurs

Définition

Soit (M, N) un bipoint (fig. 2).
L'ensemble de tous les bipoints équipollents à (M, N) est appelé « vecteur MN » et on écrit $\overrightarrow{MN}$ pour désigner cet ensemble de bipoints.
Les bipoints (M, N), (P, Q) et (R, S) de la figure 2 sont équipollents et l'on peut écrire :

$\overrightarrow{MN} = \overrightarrow{PQ} = \overrightarrow{RS}$.

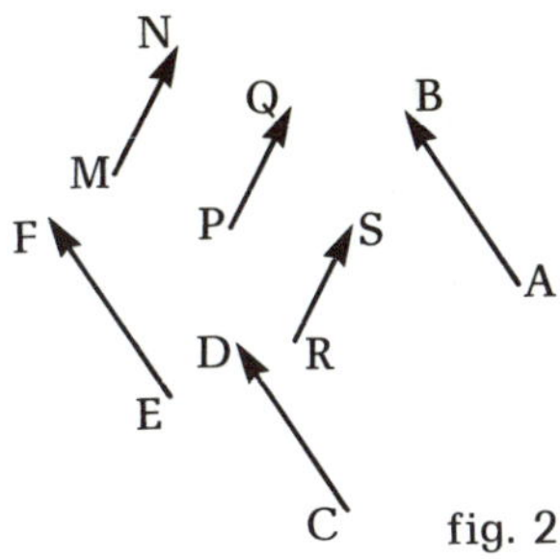

fig. 2

On dit que les bipoints (M, N), (P, Q) et (R, S) sont des **représentants d'un même vecteur.**
De même, les bipoints (A, B), (C, D) et (E, F) sont des représentants d'un autre vecteur.

Direction d'un vecteur

Soient (A, B), (C, D), (E, F), etc. des représentants d'un même vecteur $\vec{u}$ (fig. 2). Si A est distinct de B, les droites (AB), (CD), (EF), ... sont parallèles. Leur direction commune est la **direction du vecteur $\vec{u}$.**

Norme d'un vecteur

Si (A, B), (C, D), (E, F), etc. sont des représentants d'un même vecteur $\vec{u}$ (fig. 2), on a :

AB = CD = EF = ...

Ce nombre, indépendant du bipoint représentant $\vec{u}$, est appelé **norme de $\vec{u}$.** On le note $\|\vec{u}\|$.

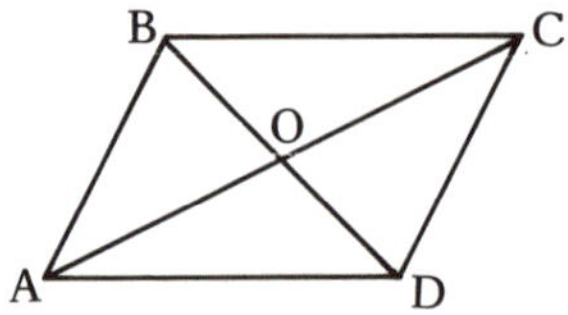

fig. 3

Remarque

Si le quadrilatère ABCD (fig. 3) est tel que l'une des quatre égalités suivantes est vérifiée :

$\overrightarrow{AB} = \overrightarrow{DC}$, $\overrightarrow{BA} = \overrightarrow{CD}$,

$\overrightarrow{BC} = \overrightarrow{AD}$, $\overrightarrow{CB} = \overrightarrow{DA}$,

alors ce quadrilatère est un parallélogramme.

Addition des vecteurs

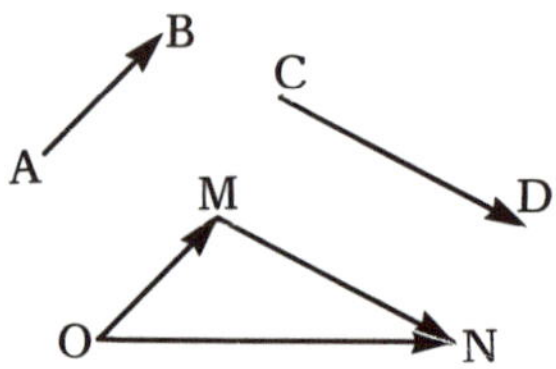

fig. 4

Soient (O, M) un représentant du vecteur $\overrightarrow{AB}$ et (M, N) un représentant du vecteur $\overrightarrow{CD}$ (fig. 4).

Le vecteur $\overrightarrow{ON}$ est appelé **somme** des vecteurs $\overrightarrow{OM}$ et $\overrightarrow{MN}$:

$\overrightarrow{ON} = \overrightarrow{OM} + \overrightarrow{MN} = \overrightarrow{AB} + \overrightarrow{CD}$.

Translation

Définition

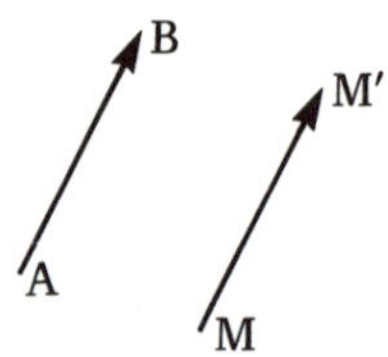

fig. 5

On se donne un vecteur par l'un de ses représentants (A, B) (fig. 5). A tout point M du plan, on peut associer le point M' tel que

$\overrightarrow{MM'} = \overrightarrow{AB}$.

On dit que M' est l'image de M dans la **translation** de vecteur $\overrightarrow{AB}$. La translation de vecteur $\overrightarrow{AB}$ est notée $t_{\overrightarrow{AB}}$.

Propriétés de la translation

■ Si M et N ont pour images M' et N', on a MN = M'N' : **la translation conserve les distances.**

■ Si trois points sont alignés, leurs images le sont aussi : **la translation conserve l'alignement.**

- L'image d'une droite est une droite, celle d'une demi-droite est une demi-droite, celle d'un segment est un segment.

- L'image d'une droite est une droite parallèle.

- Deux droites parallèles ont pour images deux droites parallèles : **la translation conserve le parallélisme.**

- L'image d'un angle est un angle de même mesure.

- Deux droites orthogonales ont pour images deux droites orthogonales : **la translation conserve l'orthogonalité.**

- Le milieu d'un segment [MN] a pour image le milieu du segment [M'N'], image du segment [MN].

20. CALCUL VECTORIEL

Produit d'un vecteur par un nombre

Définitions

■ Le produit (noté $k\vec{V}$) du vecteur $\vec{V}$ par le nombre k est le vecteur ainsi défini :

— si $\vec{V} = \vec{0}$, alors $k\vec{V} = \vec{0}$,

— si $\vec{V} \neq \vec{0}$, soit (A, B) un représentant de $\vec{V}$ et M le point de la droite (AB) tel que $\overline{AM} = k \times \overline{AB}$; (A, M) est un représentant du vecteur $k\vec{V}$.

fig. 1

→ $\overrightarrow{AN} = 2\overrightarrow{AB}$; $\overrightarrow{AP} = 3\overrightarrow{AB}$; $\overrightarrow{AQ} = 5\overrightarrow{AB}$;
$\overrightarrow{AR} = -1\overrightarrow{AB}$;
$\overrightarrow{AS} = -3\overrightarrow{AB}$; $\overrightarrow{AT} = -4\overrightarrow{AB}$.

Remarque

Si $\vec{V} \neq \vec{0}$ et $k \neq 0$, alors les vecteurs $\vec{V}$ et $k\vec{V}$ ont même direction.

■ Si deux vecteurs sont tels que l'un d'eux au moins est le produit de l'autre par un nombre, on dit que ces vecteurs sont **colinéaires.**

Propriétés de la multiplication d'un vecteur par un nombre

Quels que soient les vecteurs $\vec{V}$ et $\vec{W}$ et les nombres a et b :

$\mathbf{1\vec{V} = \vec{V}}$;

$\boldsymbol{a(b\vec{V}) = (a \times b)\vec{V}}$;

$\boldsymbol{(a + b)\vec{V} = a\vec{V} + b\vec{V}}$;

$\boldsymbol{a(\vec{V} + \vec{W}) = a\vec{V} + a\vec{W}}$.

Repères et coordonnées

Théorème

Soient $\vec{i}$ et $\vec{j}$ deux vecteurs non nuls et de directions distinctes (fig. 2).

> **Tout vecteur $\vec{V}$ peut s'écrire d'une seule façon sous la forme :**
>
> $\boldsymbol{\vec{V} = x\vec{i} + y\vec{j}}$
>
> **où x et y sont des nombres.**

A tout vecteur $\vec{V}$ correspond un couple de nombres (x, y) et un seul.

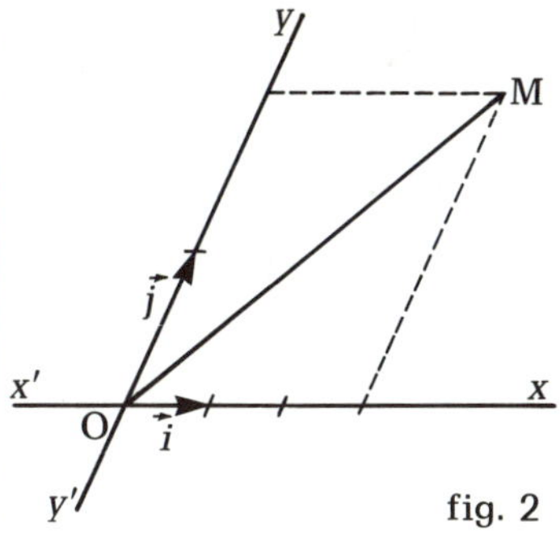

fig. 2

Repères cartésiens du plan

■ Soient $\vec{i}$ et $\vec{j}$ deux vecteurs non nuls et de directions distinctes. Se donner un point O et le couple $(\vec{i}, \vec{j})$, c'est choisir un repère cartésien dans le plan. On désigne ce repère par la notation $(O, \vec{i}, \vec{j})$.

■ Pour tout point M du plan, il existe un couple de nombres (x, y) et un seul tel que :

$\overrightarrow{OM} = x\vec{i} + y\vec{j}$.

A la figure 2, par exemple, on a : $\overrightarrow{OM} = 3\vec{i} + 2\vec{j}$.

■ Les nombres x et y sont appelés **coordonnées du point M dans le repère $(O, \vec{i}, \vec{j})$**; x est **l'abscisse** de M, y est **l'ordonnée** de M.

On écrit : $M(x, y)$ ou $M\begin{pmatrix} x \\ y \end{pmatrix}$.

ce qui signifie : $\overrightarrow{OM} = x\vec{i} + y\vec{j}$.

■ Les nombres x et y sont appelés aussi **coordonnées du vecteur $\overrightarrow{OM}$ dans le repère $(O, \vec{i}, \vec{j})$.**

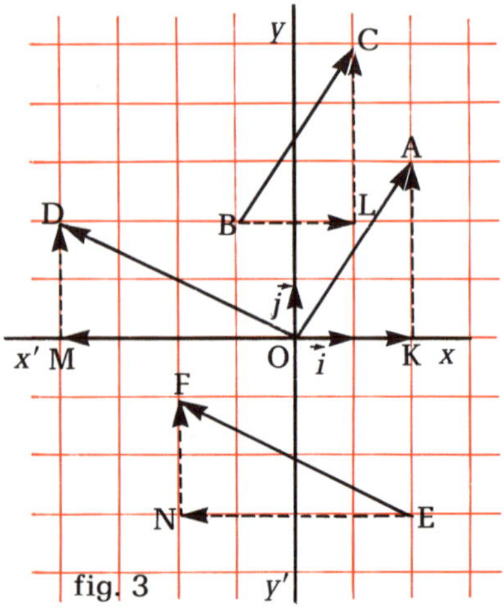

fig. 3

On écrit : $\overrightarrow{OM}(x, y)$ ou $\overrightarrow{OM}\begin{pmatrix}x\\y\end{pmatrix}$,

ce qui signifie : $\overrightarrow{OM} = x\vec{i} + y\vec{j}$.

À *la figure* 3 *on a* :

$\overrightarrow{OA}\begin{pmatrix}2\\3\end{pmatrix}$, car $\overrightarrow{OA} = \overrightarrow{OK} + \overrightarrow{KA} = 2\vec{i} + 3\vec{j}$;

$\overrightarrow{BC}\begin{pmatrix}2\\3\end{pmatrix}$, car $\overrightarrow{BC} = \overrightarrow{BL} + \overrightarrow{LC} = 2\vec{i} + 3\vec{j}$;

$\overrightarrow{OD}\begin{pmatrix}-4\\2\end{pmatrix}$, car $\overrightarrow{OD} = \overrightarrow{OM} + \overrightarrow{MD} = -4\vec{i} + 2\vec{j}$;

$\overrightarrow{EF}\begin{pmatrix}-4\\2\end{pmatrix}$, car $\overrightarrow{EF} = \overrightarrow{EN} + \overrightarrow{NF} = -4\vec{i} + 2\vec{j}$.

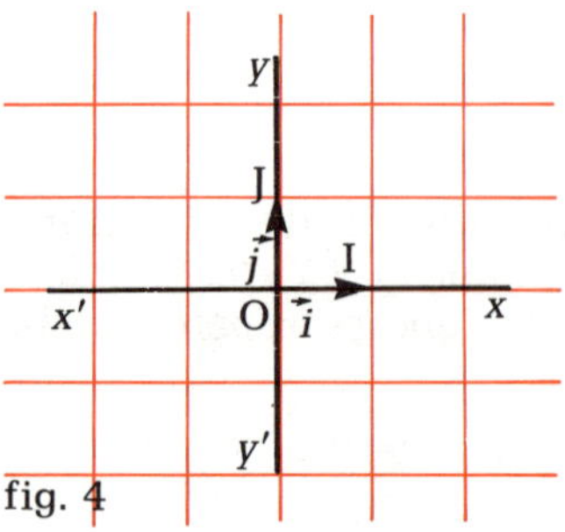

fig. 4

Repère cartésien particulier

Voir le repère $(O, \vec{i}, \vec{j})$ de la figure 4. Les droites (OI) et (OJ) sont orthogonales et OI = OJ. Si OI = OJ = 1, on dit que ce **repère** est **orthonormé (ou orthonormal).**

Un repère $(O, \vec{i}, \vec{j})$ est orthonormé lorsque les vecteurs $\vec{i}$ et $\vec{j}$ sont orthogonaux et ont la même norme 1.

Coordonnées dans un repère $(O, \vec{i}, \vec{j})$

■ $\vec{V}\begin{pmatrix}X\\Y\end{pmatrix}$; $\vec{V}'\begin{pmatrix}X'\\Y'\end{pmatrix}$; les vecteurs $\vec{V}$ et $\vec{V}'$ sont égaux si et seulement si $X = X'$ et $Y = Y'$.

■ Si $\vec{V}\begin{pmatrix}X\\Y\end{pmatrix}$ et $\vec{V}'\begin{pmatrix}X'\\Y'\end{pmatrix}$, alors $\vec{V} + \vec{V}'\begin{pmatrix}X + X'\\Y + Y'\end{pmatrix}$.

- Si $A\begin{pmatrix}x_A\\y_A\end{pmatrix}$ et $B\begin{pmatrix}x_B\\y_B\end{pmatrix}$, alors $\overrightarrow{AB}\begin{pmatrix}x_B - x_A\\y_B - y_A\end{pmatrix}$.

- k désignant un nombre, si $\vec{V}\begin{pmatrix}X\\Y\end{pmatrix}$, alors $k\vec{V}\begin{pmatrix}kX\\kY\end{pmatrix}$.

- $\vec{V}\begin{pmatrix}X\\Y\end{pmatrix}$; $\vec{V}'\begin{pmatrix}X'\\Y'\end{pmatrix}$; les vecteurs $\vec{V}$ et $\vec{V}'$ ont même direction si et seulement si $XY' = YX'$.

Remarque
Par convention, le vecteur $\vec{0}$ a même direction que tout vecteur.

- I étant le milieu de [AB],

si $A\begin{pmatrix}x_A\\y_A\end{pmatrix}$ et $B\begin{pmatrix}x_B\\y_B\end{pmatrix}$, alors $I\begin{pmatrix}\dfrac{x_A + x_B}{2}\\[2mm]\dfrac{y_A + y_B}{2}\end{pmatrix}$.

Coordonnées dans un repère orthonormé $(O, \vec{i}, \vec{j})$

- Norme d'un vecteur :

si $\vec{V}\begin{pmatrix}X\\Y\end{pmatrix}$, alors $\|\vec{V}\| = \sqrt{X^2 + Y^2}$.

- Si $A\begin{pmatrix}x_A\\y_A\end{pmatrix}$ et $B\begin{pmatrix}x_B\\y_B\end{pmatrix}$, alors $AB = \sqrt{(x_B - x_A)^2 + (y_B - y_A)^2}$.

- $\vec{V}\begin{pmatrix}X\\Y\end{pmatrix}$; $\vec{V}'\begin{pmatrix}X'\\Y'\end{pmatrix}$; les vecteurs $\vec{V}$ et $\vec{V}'$ sont orthogonaux si et seulement si $XX' + YY' = 0$.

Remarque
Par convention, le vecteur $\vec{0}$ est orthogonal à tout vecteur.

21. ÉQUATIONS D'UNE DROITE

Théorème

> Le plan est rapporté à un repère $(O, \vec{i}, \vec{j})$.
> **L'ensemble des points $M(x, y)$ tels que $ux + vy + w = 0$ où u, v, w sont des nombres donnés avec $(u, v) \neq (0, 0)$ est une droite (D).**

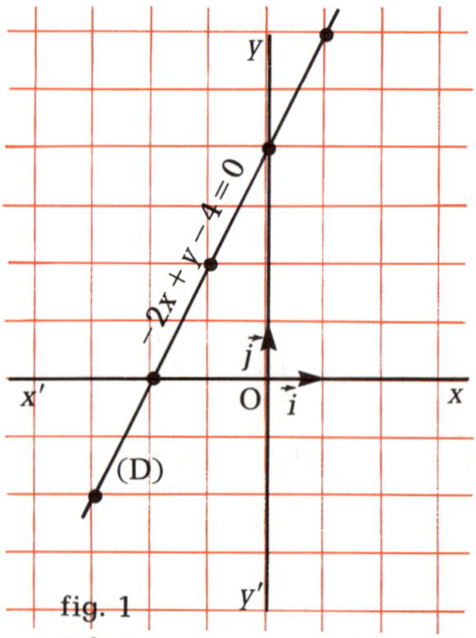

fig. 1

L'ensemble des points M de coordonnées x et y vérifiant

$$-2x + y - 4 = 0$$

est l'ensemble des points d'une droite (D).

Pour tracer cette droite (D) (fig. 1), marquons quelques points de cette droite. Pour cela, donnons des valeurs à x et calculons les valeurs correspondantes de y :

x	-3	-2	-1	0	1
y	-2	0	2	4	6

Réciproquement, toute droite admet une infinité d'équations du type $ux + vy + w = 0$ avec $(u, v) \neq (0, 0)$.

On les obtient à partir de l'une d'entre elles en multipliant ou en divisant ses deux membres par un nombre non nul. La droite (D) de la figure 1, par exemple, admet pour équation $-2x + y - 4 = 0$; elle admet aussi pour équations

$$-4x + 2y - 8 = 0, \quad -6x + 3y - 12 = 0, \quad -x + \frac{1}{2}y - 2 = 0, \text{ etc.}$$

Remarques

■ **Si une droite est parallèle à l'axe des ordonnées, l'une de ses équations est du type $x = k$.**

Sur la figure 2, tous les points de la droite (D_1) ont même abscisse 2, tous les points d'abscisse 2 appartiennent à la droite (D_1) : $x = 2$ est une équation de la droite (D_1).
De même, $x = -3$ est une équation de la droite (D_2).

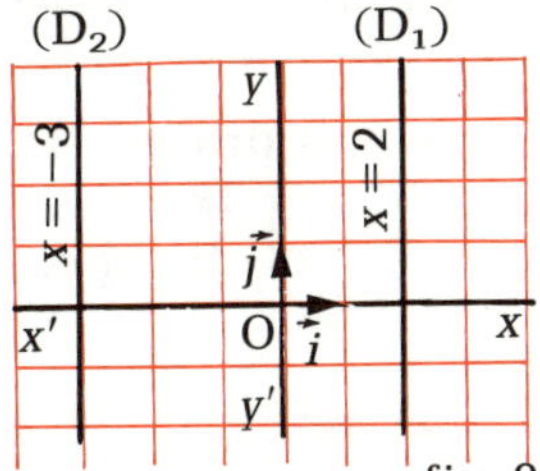

fig. 2

■ **Si une droite est sécante à l'axe des ordonnées, l'une de ses équations est du type $y = ax + b$.**
a est appelé **coefficient directeur de la droite** et ***b*** **ordonnée à l'origine de cette droite.**
La droite (D) est sécante à l'axe des ordonnées au point d'ordonnée 4 (fig. 1).
$-2x + y - 4 = 0$ est l'une des équations de la droite (D). En transposant $-2x$ et -4, on obtient une autre équation de cette droite : $y = 2x + 4$. Cette équation est du type $y = ax + b$.
2 est le coefficient directeur de la droite (D);
4 est l'ordonnée à l'origine de la droite (D).

Droites parallèles

Le plan est rapporté à un repère $(O, \vec{i}, \vec{j})$.

Théorèmes

Deux droites (D) et (D′) ayant pour équations respectives $ux + vy + w = 0$ et $u'x + v'y + w' = 0$ avec $(u, v) \neq (0, 0)$ et $(u', v') \neq (0, 0)$ sont parallèles si et seulement si $uv' - u'v = 0$.

→ Les droites (D) d'équation $2x - 3y + 4 = 0$
et (D′) d'équation $4x - 6y + 10 = 0$
sont parallèles car $(2)(-6) - (4)(-3) = (-12) - (-12) = 0$.

Deux droites (D) et (D') ayant pour équations respectives $y = ax + b$ et $y = a'x + b'$ sont parallèles si et seulement si elles ont même coefficient directeur : $a = a'$.

→ Les droites (D) d'équation $y = -3x + 1$ et (D') d'équation $y = -3x - 2$ sont parallèles, car elles ont même coefficient directeur -3.

Droites orthogonales

Le plan est rapporté à un repère orthonormal $(O, \vec{i}, \vec{j})$.

Théorème

Deux droites (D) et (D') ayant pour équations respectives $y = ax + b$ et $y = a'x + b'$ sont orthogonales si et seulement si le produit de leurs coefficients directeurs est égal à -1 : $a \times a' = -1$.

→ Les droites (D) d'équation $y = 2x - 1$ et (D') d'équation

$$y = -\frac{1}{2}x + 3$$

sont orthogonales, car le produit de leurs coefficients directeurs 2 et $-\frac{1}{2}$ est égal à -1.

22. TRIGONOMÉTRIE DANS LE TRIANGLE RECTANGLE

Rapports trigonométriques

Une unité d'angle étant choisie (le degré par exemple), il est possible de tracer de très nombreux triangles rectangles tels que OAB (fig. 1) où l'un des angles aigus a une mesure donnée φ non nulle ($\varphi = 40°$ à la figure 1).

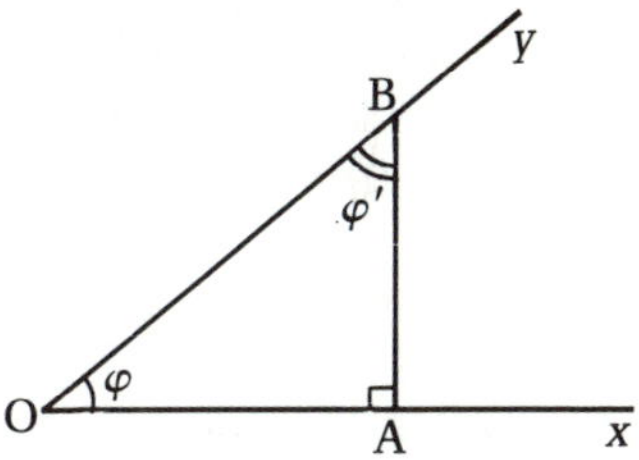

fig. 1

La lettre grecque φ se lit : « phi ».

On démontre que si l'on passe de l'un à l'autre de ces triangles rectangles, les quotients $\frac{OA}{OB}$, $\frac{AB}{OB}$, $\frac{AB}{OA}$, $\frac{OA}{AB}$ sont inchangés.

D'où les définitions suivantes des rapports trigonométriques :

	Notation	**Définition**	**Retenons**
cosinus de $\widehat{xOy}$	$\cos \varphi$	$\frac{OA}{OB}$	$\frac{\text{côté adjacent}}{\text{hypoténuse}}$
sinus de $\widehat{xOy}$	$\sin \varphi$	$\frac{AB}{OB}$	$\frac{\text{côté opposé}}{\text{hypoténuse}}$
tangente de $\widehat{xOy}$	$\tan \varphi$	$\frac{AB}{OA}$	$\frac{\text{côté opposé}}{\text{côté adjacent}}$
cotangente de $\widehat{xOy}$	$\cot \varphi$	$\frac{OA}{AB}$	$\frac{\text{côté adjacent}}{\text{côté opposé}}$

Remarques

■ Il y a abus de langage à dire que OB, AB, OA sont respectivement l'hypoténuse du triangle rectangle, le côté de l'angle droit opposé à l'angle $\widehat{xOy}$, le côté de l'angle droit « adjacent à l'angle $\widehat{xOy}$ ». Il s'agit chaque fois de la mesure de la longueur de tel ou tel côté du triangle rectangle.

■ L'hypoténuse [OB] étant le plus grand des trois côtés du triangle rectangle OAB, on a $OA < OB$, $AB < OB$.

Par suite : $\frac{OA}{OB} < 1, \quad \frac{AB}{OB} < 1;$

$\cos \varphi < 1, \quad \sin \varphi < 1.$

Le cosinus et le sinus d'un angle aigu non nul sont des nombres inférieurs à 1.

Relations trigonométriques

Une unité d'angle étant choisie et φ désignant la mesure d'un angle aigu non nul :

$$\tan \varphi = \frac{\sin \varphi}{\cos \varphi} \qquad \cot \varphi = \frac{\cos \varphi}{\sin \varphi}$$

$$\cot \varphi = \frac{1}{\tan \varphi} \qquad \tan \varphi = \frac{1}{\cot \varphi}$$

$$\cos^2 \varphi + \sin^2 \varphi = 1$$

Angles complémentaires

Les angles aigus d'un triangle rectangle sont complémentaires. Les angles aigus de mesures φ et φ' (fig. 1) sont donc complémentaires, puisque le triangle OAB est rectangle en A. Si φ et φ' sont exprimées en degrés, on a $\varphi + \varphi' = 90$.

Écrivons les rapports trigonométriques de l'angle $\widehat{ABO}$:

$$\cos \varphi' = \frac{\text{côté adjacent}}{\text{hypoténuse}} = \frac{AB}{OB} \qquad \tan \varphi' = \frac{\text{côté opposé}}{\text{côté adjacent}} = \frac{OA}{AB}$$

$$\sin \varphi' = \frac{\text{côté opposé}}{\text{hypoténuse}} = \frac{OA}{OB} \qquad \cot \varphi' = \frac{\text{côté adjacent}}{\text{côté opposé}} = \frac{AB}{OA}$$

Comparons les rapports trigonométriques des angles $\widehat{AOB}$ (de mesure φ) et $\widehat{ABO}$ (de mesure φ'). On obtient :

$\cos \varphi = \sin \varphi'$;
$\sin \varphi = \cos \varphi'$;
$\tan \varphi = \cot \varphi'$;
$\cot \varphi = \tan \varphi'$.

Si deux angles aigus sont complémentaires, le cosinus de l'un est égal au sinus de l'autre, la tangente de l'un est égale à la cotangente de l'autre.

Quelques angles particuliers

φ en degrés	30	45	60
φ en grades	33,33...	50	66,66...
φ en radians	$\frac{\pi}{6}$	$\frac{\pi}{4}$	$\frac{\pi}{3}$
$\cos \varphi$	$\frac{\sqrt{3}}{2}$	$\frac{\sqrt{2}}{2}$	$\frac{1}{2}$
$\sin \varphi$	$\frac{1}{2}$	$\frac{\sqrt{2}}{2}$	$\frac{\sqrt{3}}{2}$
$\tan \varphi$	$\frac{\sqrt{3}}{3}$	1	$\sqrt{3}$
$\cot \varphi$	$\sqrt{3}$	1	$\frac{\sqrt{3}}{3}$

Tables trigonométriques

Lecture de la table

La table de la page 159 donne les rapports trigonométriques (ou lignes trigonométriques) de tout angle aigu non nul mesuré par un nombre entier de degrés. Les nombres de la table sont des valeurs décimales approchées : on a choisi le nombre décimal le plus proche s'écrivant avec trois décimales (arrondi au millième).

La table est à double entrée. On a utilisé la propriété sur les angles complémentaires vue à la page précédente afin de réduire les dimensions de la table (la même ligne sert pour deux angles complémentaires).

Il existe des tables trigonométriques où l'unité d'angle choisie est le grade ou le radian (voir pages 183 et 182).

Mesure d'un angle aigu connaissant l'un de ses rapports trigonométriques

■ *La mesure φ est exprimée en degrés.*
cos $\varphi = 0{,}731$; *trouver* φ.

Par simple lecture dans la table, on trouve $\varphi = 43°$.

■ sin $\varphi = 0{,}581$; *encadrer* φ.
On ne trouve pas 0,581 dans les colonnes sin φ, mais il est possible d'encadrer 0,581 par les nombres 0,574 et 0,588 :

sin 35° = 0,574;
sin 36° = 0,588.

La mesure φ est donc comprise entre 35° et 36°.

Table trigonométrique

Le degré est l'unité d'angle choisie.

φ	sin φ	cos φ	tan φ	cot φ	
1	0,017	1,000	0,017	57,29	89
2	0,035	0,999	0,035	28,64	88
3	0,052	0,999	0,052	19,08	87
4	0,070	0,998	0,070	14,30	86
5	0,087	0,996	0,087	11,43	85
6	0,105	0,995	0,105	9,514	84
7	0,122	0,993	0,123	8,144	83
8	0,139	0,990	0,141	7,115	82
9	0,156	0,988	0,158	6,314	81
10	0,174	0,985	0,176	5,671	80
11	0,191	0,982	0,194	5,145	79
12	0,208	0,978	0,213	4,705	78
13	0,225	0,974	0,231	4,331	77
14	0,242	0,970	0,249	4,011	76
15	0,259	0,966	0,268	3,732	75
16	0,276	0,961	0,287	3,487	74
17	0,292	0,956	0,306	3,271	73
18	0,309	0,951	0,325	3,078	72
19	0,326	0,946	0,344	2,904	71
20	0,342	0,940	0,364	2,747	70
21	0,358	0,934	0,384	2,605	69
22	0,375	0,927	0,404	2,475	68
23	0,391	0,921	0,424	2,356	67
24	0,407	0,914	0,445	2,246	66
25	0,423	0,906	0,466	2,145	65
26	0,438	0,899	0,488	2,050	64
27	0,454	0,891	0,510	1,963	63
28	0,469	0,883	0,532	1,881	62
29	0,485	0,875	0,554	1,804	61
30	0,500	0,866	0,577	1,732	60
31	0,515	0,857	0,601	1,664	59
32	0,530	0,848	0,625	1,600	58
33	0,545	0,839	0,649	1,540	57
34	0,559	0,829	0,675	1,483	56
35	0,574	0,819	0,700	1,428	55
36	0,588	0,809	0,727	1,376	54
37	0,602	0,799	0,754	1,327	53
38	0,616	0,788	0,781	1,280	52
39	0,629	0,777	0,810	1,235	51
40	0,643	0,766	0,839	1,192	50
41	0,656	0,755	0,869	1,150	49
42	0,669	0,743	0,900	1,111	48
43	0,682	0,731	0,933	1,072	47
44	0,695	0,719	0,966	1,036	46
45	0,707	0,707	1,000	1,000	45
	cos φ	sin φ	cot φ	tan φ	φ

ANNEXES

1. STATISTIQUES

Diagramme en bâtons

Voici le bilan des absences des 149 élèves des classes de Troisième de notre collège, au cours du premier trimestre de l'année scolaire :

Nombre de jours d'absence	0	1	2	3	4	5	6	7
Nombre d'élèves	19	28	25	18	21	16	13	9

La représentation graphique de la figure 1 est un **diagramme en bâtons.**

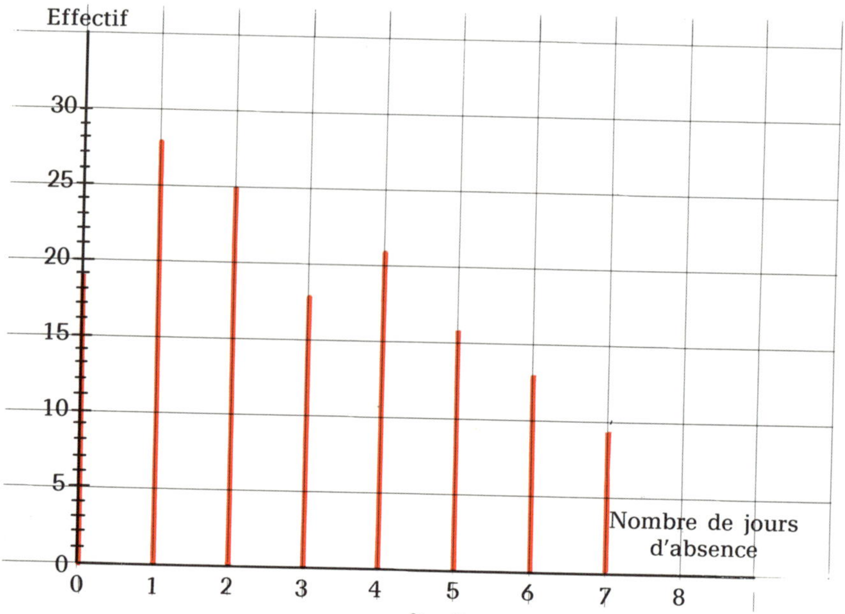

fig. 1

Médiane

On appelle médiane toute valeur de la variable (ici « nombre de jours d'absence ») laissant au plus la moitié de l'effectif total à sa gauche et au plus la moitié de l'effectif total à sa droite.

Ici, la médiane vaut 3, puisqu'il y a 72 élèves $(19+28+25)$ qui ont moins de 3 jours d'absence et 59 élèves $(21+16+13+9)$ qui ont plus de 3 jours d'absence. On a bien $72 \leqslant \frac{149}{2}$ et $59 \leqslant \frac{149}{2}$.

Moyenne arithmétique

La moyenne $\bar{x}$ est le quotient du total des jours d'absence par le nombre d'élèves :

$$\bar{x} = \frac{(0 \times 19) + (1 \times 28) + (2 \times 25) + (3 \times 18) + (4 \times 21) + (5 \times 16) + (6 \times 13) + (7 \times 9)}{149}$$

$\bar{x} = 2{,}932...$

La moyenne est de 2,93 jours d'absence par élève.

Histogramme

Les 76 élèves de trois classes de Quatrième ont fait un test commun de maths. La répartition des notes obtenues a été la suivante :

Note obtenue : n	$0 \leqslant n < 4$	$4 \leqslant n < 8$	$8 \leqslant n < 12$	$12 \leqslant n < 16$	$16 \leqslant n < 20$
Nombre d'élèves	13	18	22	14	9

La représentation graphique de la figure 2 est un **histogramme.**

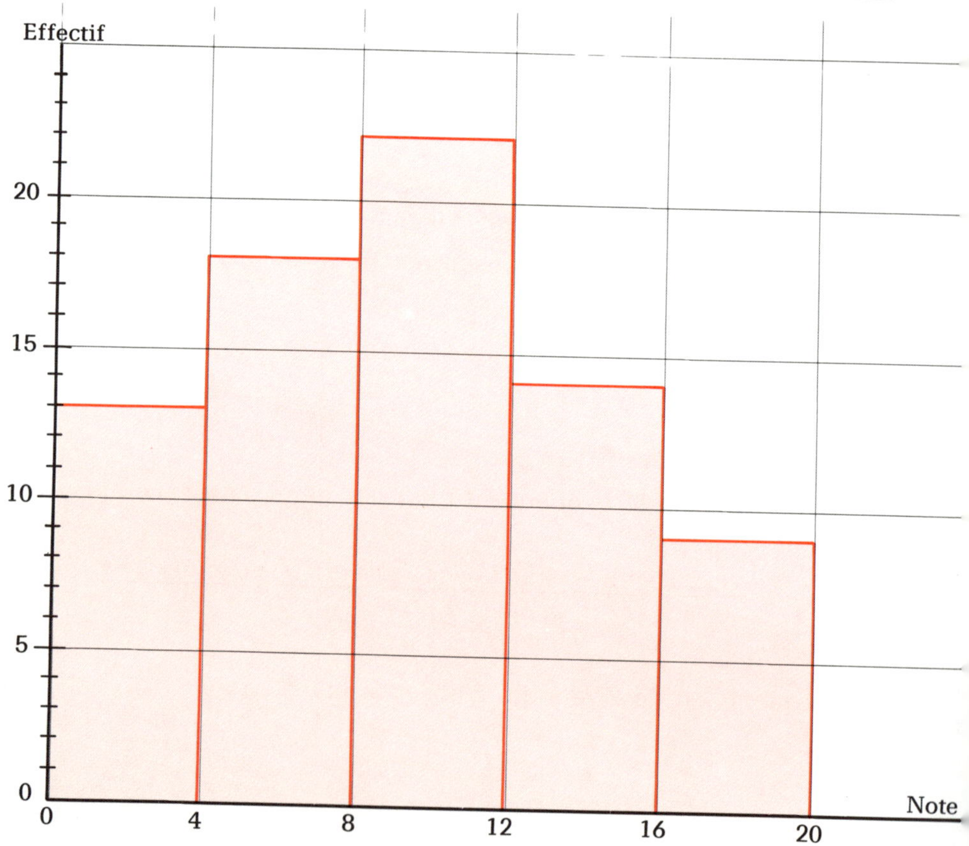

fig. 2

Médiane

La médiane μ est la valeur de la variable (ici « note obtenue n ») séparant l'effectif total (ici 76 élèves) en deux groupes de même importance (ici groupes de 38 élèves).
La lettre grecque μ se lit : « mu ».

La médiane est située à l'intérieur de la troisième classe ($8 \leqslant n < 12$), car il y a 31 élèves ($13+18$) dans les deux premières classes (il en manque 7 pour arriver à 38) et 23 élèves ($14+9$) dans les deux dernières classes (il en manque 15 pour arriver à 38).

Voir la figure 3 qui représente la troisième classe : $8 \leqslant n < 12$. La médiane μ est telle que les distances d et d' soient proportionnelles aux nombres 7 et 15.

D'où le calcul de la distance d :

$$\frac{d}{7} = \frac{d'}{15} = \frac{d+d'}{22} = \frac{4}{22};$$

$$22d = 7 \times 4; \; d = \frac{7 \times 4}{22}; \; d = 1{,}272...$$

La médiane vaut donc $8 + 1{,}27 = 9{,}27$.

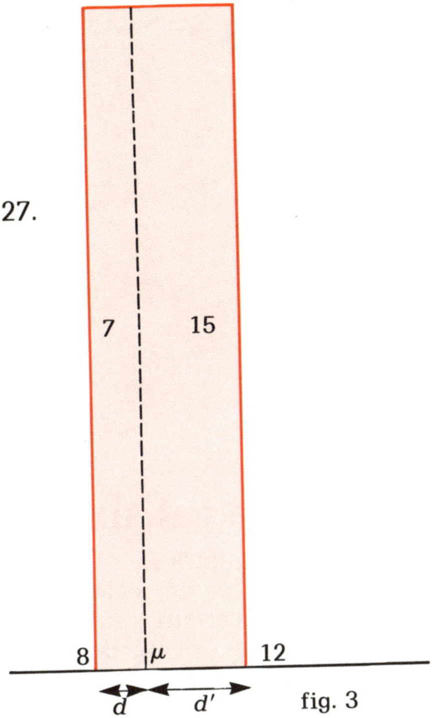

fig. 3

Moyenne arithmétique

La moyenne $\bar{x}$ est le quotient du total des notes par le nombre d'élèves.
Pour faire le calcul, on suppose que tous les élèves rangés dans une même classe de notes ont obtenu la même note égale à la valeur centrale de la classe :

$n = 2$ pour la classe $0 \leqslant n < 4$,
$n = 6$ pour la classe $4 \leqslant n < 8$,
etc.

$$\bar{x} = \frac{(2 \times 13) + (6 \times 18) + (10 \times 22) + (14 \times 14) + (18 \times 9)}{76}$$

$\bar{x} = 9{,}368...$

La moyenne des notes obtenues à ce test est 9,37.

2. CALCULATRICES

Quelle calculatrice?

Les calculatrices diffèrent les unes des autres par les possibilités de calcul qu'elles offrent à l'utilisateur. Par exemple, certaines machines donnent la conversion des degrés sexagésimaux en degrés décimaux et permettent aussi le passage inverse. Sur d'autres machines, ces conversions ne sont pas prévues et la calculatrice ne connaît que les degrés décimaux.
D'autre part, pour un même calcul possible sur deux machines de marques différentes, il y a des variations dans la conduite du calcul, variations dues à l'utilisation de touches dont la dénomination ou l'emploi ne sont pas les mêmes.
Il est donc impossible de proposer des séquences précises de calcul, en donnant très exactement la procédure suivie, si l'on n'a pas dit d'abord que l'on se restreint à l'étude de telle ou telle machine de telle marque.

Pour toutes ces raisons, on se bornera dans les paragraphes suivants à signaler les possibilités de calcul qui sont les plus courantes, possibilités de calcul concernant uniquement les notions présentées dans les différents chapitres de ce guide.

Affichage des nombres décimaux

Troncature et arrondi

■ La troncature au dixième, au centième, etc. est la valeur décimale approchée par défaut à un dixième près, à un centième près, etc.

■ L'arrondi au dixième, au centième, etc. est le nombre décimal le plus proche s'écrivant avec une décimale, deux décimales, etc.

→ $\frac{17}{3} = 5{,}666\,6\ldots = 5{,}\overline{6}$

	au dixième (1 décimale)	au centième (2 décimales)	au millième (3 décimales)
troncature	5,6	5,66	5,666
arrondi	5,7	5,67	5,667

Règle pour arrondir

Si le premier chiffre supprimé est 0, ou 1, ou 2, ou 3, ou 4, on arrondit « au-dessous ». Si le premier chiffre supprimé est 5, ou 6, ou 7, ou 8, ou 9, on arrondit « au-dessus ».

Capacité interne et affichage

La capacité interne d'une calculatrice est variable d'une machine à une autre. Elle est en général de 8, ou 10, ou 11 chiffres. Cela signifie que la machine prend en compte dans ses calculs 8, ou 10, ou 11 chiffres.
Le nombre de chiffres à l'affichage est en général de 8 ou de 10.
Si une machine a une capacité interne de 11 chiffres et si elle affiche 8 chiffres, cela signifie qu'elle fait ses calculs sur 11 chiffres au maximum et qu'elle n'en affiche que 8 au maximum.
Les machines pratiquent l'arrondi sur les résultats plutôt que la troncature, car l'erreur pour certains nombres est moindre avec l'arrondi.

Différents affichages d'un même nombre

On utilise, par exemple, une machine qui affiche 8 chiffres.

a) **Notation normale (virgule fixe) ou standard**

0,233 587 4, par exemple.

b) **Notation scientifique**

La calculatrice permet de passer de la notation normale 0,233 587 4 à la notation scientifique :

$\underbrace{2{,}335\,9}_{\text{mantisse}} \quad \underbrace{-01}_{\text{exposant}}$

qui signifie : $2{,}335\,9 \times 10^{-1}$.

La partie entière 2 du décimal 2,335 9 est un nombre non nul s'écrivant avec un seul chiffre. On dit que la virgule est « flottante » dans la notation scientifique pour exprimer qu'il n'y a qu'un chiffre (différent de zéro) avant la virgule.

Observons les écritures possibles du même nombre 0,233 59 :
$2{,}335\,9 \times 10^{-1}$; $0{,}233\,59 \times 10^{0}$; $0{,}023\,359 \times 10^{1}$;
$0{,}002\,335\,9 \times 10^{2}$; etc.

$23{,}359 \times 10^{-2}$; $233{,}59 \times 10^{-3}$; $2\,335{,}9 \times 10^{-4}$;
$23\,359 \times 10^{-5}$; etc.

Relevons les parties entières rencontrées ci-dessus :

2 ;	0 ;	0 ;	0 ;	etc.
23 ;	233 ;	2 335 ;	23 359 ;	etc.

Il n'y a qu'une partie entière s'écrivant avec un seul chiffre différent de zéro. Elle correspond à la notation scientifique $2{,}335\,9 \times 10^{-1}$.

Remarques

■ La notation scientifique permet d'introduire dans la machine des nombres dont la valeur absolue est très grande ou très petite, nombres qu'il serait impossible d'introduire en notation normale à cause de l'affichage restreint.

→ En notation normale, le nombre 5×10^{90} se terminerait par 90 zéros, le nombre 5×10^{-90} commencerait par 90 zéros.

■ La machine utilise systématiquement la notation scientifique quand il lui est impossible d'afficher un résultat en notation normale, le nombre en question ayant une valeur absolue trop grande ou trop petite.

■ Il est possible d'introduire un nombre en notation scientifique, de passer de la notation normale à la notation scientifique, d'opérer le passage inverse si le nombre a une valeur absolue convenable, de faire des calculs mixtes où interviennent nombres introduits en notation normale et nombres introduits en notation scientifique.

■ Certaines machines permettent de choisir le nombre de décimales en notation normale, le nombre de décimales à la mantisse en notation scientifique.

→ Le nombre 0,0338567 (notation normale) sera affiché 0,0339 (avec quatre décimales) ou 0,03 (avec deux décimales), etc.
En notation scientifique, le même nombre sera affiché
3,3857 −02 (avec quatre décimales à la mantisse) ou
3,386 −02 (avec trois décimales à la mantisse), etc.

c) **Notation ingénieur**

Certaines machines sont capables d'afficher les nombres de la façon suivante :

m 3K, ce qui signifie $m \times 10^{3K}$,

où m est un décimal et K un entier relatif; la machine peut proposer plusieurs valeurs de l'exposant 3K. Ces affichages constituent la notation ingénieur.

→ Avec une machine qui affiche 10 chiffres, par exemple, on peut obtenir le nombre 31,78943197 sous les formes suivantes :

31,78943197	00
31789,43197	−03
31789431,97	−06
0,031789431	03
0,000031789	06
0,000000031	09

La notation ingénieur est utile quand il s'agit de changer d'unité : passage, par exemple, de la mesure d'une longueur exprimée en mètres à la mesure de la même longueur exprimée en millimètres ou en kilomètres.

Les touches [+] [−] [×] [÷]

L'utilisation de ces touches et des touches « parenthèses » (avec les règles du calcul algébrique) permet de transcrire un calcul et d'obtenir le résultat. Par exemple, l'écriture

$$\left[(a+b)\div(c-d)\right]\times[e+f]$$

signifie qu'il faut diviser la somme $a+b$ par la différence $c-d$ et multiplier le quotient obtenu par la somme $e+f$.

Remarque

Une touche ([C] sur de nombreuses machines) permet de corriger une erreur sur le dernier nombre introduit.

Si l'on a frappé, par exemple, 2 [+] 3 alors que l'on souhaite 2 [+] 4, il suffit de corriger grâce à la touche [C] :

2 [+] 3 [C] 4 [=] 6.

Calculs répétitifs avec constante

Si l'on veut additionner le nombre m à plusieurs nombres x_1, x_2, x_3, etc., on peut utiliser la touche [K] et faire les calculs suivants :

m [+] [K] x_1 [=] ?

x_2 [=] ?

x_3 [=] ?

etc.

Si l'on veut retrancher le nombre m à plusieurs nombres x_1, x_2, x_3, etc., on peut faire les calculs suivants :

m [−] [K] x_1 [=] ?

x_2 [=] ?

x_3 [=] ?

etc.

On a des calculs analogues pour multiplier le nombre m par plusieurs nombres x_1, x_2, x_3, etc., ou pour diviser par m plusieurs nombres x_1, x_2, x_3, etc.

Remarque

Sur certaines machines, on ne dispose pas de la touche [K], mais il est possible de la remplacer par la touche [+], ou [−], ou [×], ou [÷] que l'on vient d'employer.

→ Pour additionner m à x_1, x_2, x_3, etc., on procède ainsi :

m [+] [+] x_1 [=] ?
x_2 [=] ?
x_3 [=] ?
etc.

→ Pour retrancher m aux nombres x_1, x_2, x_3, etc., on procède ainsi :

m [−] [−] x_1 [=] ?
x_2 [=] ?
x_3 [=] ?
etc.

La touche [%]

	Problèmes	Frappes	Affichages
1°	$80 \xrightarrow{\times \frac{5}{100}} ?$	80 [×] 5 [%] [=]	4
2°	$? \xrightarrow{\times \frac{5}{100}} 4$	4 [÷] 5 [%] [=]	80
3°	$80 \xrightarrow{\times \frac{?}{100}} 4$	4 [÷] 80 [%] [=]	5

Remarque

Avec certaines machines, on n'a pas à appuyer sur la touche [=].

Les touches [+/−] [$\frac{1}{x}$] [x^2] [$\sqrt{x}$]

■ 3 [+/−] ; affichage : −3. −4 [+/−]; affichage : 4.
La touche [+/−] donne l'opposé du dernier nombre affiché.
■ 2 [1/x] ; affichage : 0,5. 10 [1/x] ; affichage : 0,1.
La touche 1/x donne l'inverse du dernier nombre affiché (si ce nombre n'est pas nul).
■ 7 [x^2] ; affichage : 49. 0,4 [x^2] ; affichage : 0,16.
La touche [x^2] donne le carré du dernier nombre affiché.
■ 4 [$\sqrt{x}$]; affichage : 2. 0,25 [$\sqrt{x}$]; affichage : 0,5.
La touche [$\sqrt{x}$] donne la racine carrée du dernier nombre affiché (si cette racine existe).

La touche [x^y]

Cette touche permet de calculer des puissances.

2 [x^y] 3 [=] donne 8; $2^3 = 8$.
3,1 [x^y] 4 [=] donne 92,352 1; $3{,}1^4 = 92{,}352\,1$.
4 [x^y] 5 [=] donne 1 024; $4^5 = 1\,024$.
10 [x^y] −4 [=] donne 0,000 1; $10^{-4} = 0{,}000\,1$.

Angles et arcs : passage des degrés sexagésimaux aux degrés décimaux et passage inverse

Certaines calculatrices possèdent une touche permettant ces passages d'une notation à l'autre. Désignons cette touche par [SD] (notation sexagésimale ⟶ notation décimale).

Pour introduire 32° 28′ 17,5″, on frappe :
32 [SD] 28 [SD] 17,5 [SD].

La machine affiche 32,471 527 78 (degrés décimaux).

Si l'on frappe ensuite [INV] [SD], on obtient 32° 28′ 17,5″ (degrés sexagésimaux).

[SD] fait passer de la notation sexagésimale à la notation décimale.

[INV] [SD] fait passer de la notation décimale à la notation sexagésimale.

Mesures de durées

Il suffit de lire h au lieu de °, min au lieu de ′ et s au lieu de ″.
Voir l'exemple précédent : une durée de 32 h 28 min 17,5 s (notation sexagésimale) correspond à 32,471 527 78 h (notation décimale).

Calculs

Lorsque les mesures d'angles, d'arcs ou de durées sont introduites en notation sexagésimale, la machine affiche les mesures en notation décimale et elle effectue les calculs demandés sur des nombres décimaux. Le résultat est affiché en notation décimale et l'on demande alors le passage en notation sexagésimale.

Angles et arcs : conversions (degrés décimaux, radians, grades)

Règle de trois

Il est toujours possible de faire des règles de trois, sachant que : $180° = 200 \text{ gr} = \pi$ rad.

→ 37 gr = ? ° = ? rad.

En degrés : $\dfrac{180 \times 37}{200} = 33{,}3.$

En radians : $\dfrac{\pi \times 37}{200} = 0{,}581\,194\,6$ (il existe en général une touche [π]).

Affichage direct

Sur certaines machines, il existe une touche (désignons-la par [DRG], ce qui signifie : degrés, radians, grades) permettant de changer le mode affiché (il y a trois modes : degrés décimaux, radians, grades).

Une mesure d'angle (ou d'arc) étant introduite avec l'un des trois modes affiché, il suffit de frapper [INV] [DRG] pour obtenir la mesure dans un autre mode.

→ *Le mode « Grades » est affiché.*

Affichage

31,8 grades [INV] [DRG] 28,62 degrés [INV] [DRG] 0,4995132 radians [INV] [DRG] 31,8 grades , ETC.

Fonctions trigonométriques

On veut obtenir cos *x*, sin *x*, tan *x*, cot *x*

On affiche le mode : degrés, radians ou grades; on utilise l'une des touches [cos], [sin] ou [tan].

Exemple	Mode affiché	Frappe	Affichage	Réponse
a) cos 81,25° = ?	Degrés	81,25 [cos]	0,152 123 4	cos 81,25° =0,152 123 4
b) sin 64,139 gr = ?	Grades	64,139 [sin]	0,845 495 8	sin 64,139 gr =0,845 495 8
c) tan $\frac{\pi}{15}$ rad = ?	Radians	(π : 15) [tan]	0,212 556 6	tan $\frac{\pi}{15}$ rad =0,212 556 6
d) cot 12,53° = ?	Degrés	12,53 [tan] [1/x]	4,499 557 9	cot 12,53° =4,499 557 9

Remarque concernant d)

Pour obtenir une cotangente, on passe d'abord par la tangente et on demande l'inverse de la tangente.

Connaissant cos *x*, ou sin *x*, ou tan *x*, ou cot *x*, on veut obtenir *x*

On affiche le mode : degrés, radians ou grades; on utilise [INV] [cos], ou [INV] [sin], ou [INV] [tan].

Exemple		Mode affiché	Frappe	Affichage	Réponse
a)	cos $\varphi = 0{,}89$	Grades	0,89 [INV] [cos]	30,140837 gr	$\varphi = 30{,}140837$ gr
b)	sin $\varphi = 0{,}77$	Radians	0,77 [INV] [sin]	0,8788412 rad	$\varphi = 0{,}8788412$ rad
c)	tan $\varphi = 1{,}3$	Degrés	1,3 [INV] [tan]	52,431408°	$\varphi = 52{,}431408°$
d)	cot $\varphi = 14{,}9$	Degrés	14,9 [1/x] [INV] [tan]	3,8395963°	$\varphi = 3{,}8395963°$

Remarque concernant d)
On affiche d'abord tan φ en demandant l'inverse de 14,9.

Mémoires

Une calculatrice possède en général une ou plusieurs mémoires qui permettent de mettre en réserve un résultat intermédiaire au cours d'un calcul. Certaines mémoires sont permanentes et les données qu'elles contiennent ne sont pas effacées lorsque l'on arrête la machine.
Les touches qui régissent les mémoires ont des dénominations qui varient d'une marque de machine à une autre. Voici les rôles de ces touches :
— stocker dans une mémoire le nombre affiché (le contenu précédent de la mémoire est effacé);
— rappeler le contenu d'une mémoire sans effacement de la mémoire;
— additionner le nombre affiché au contenu d'une mémoire;
— soustraire le nombre affiché au contenu d'une mémoire;
— échanger le nombre affiché avec le contenu d'une mémoire.

3. TABLES

Décomposition en produit de facteurs premiers

2		2
3		3
4	2^2	
5		5
6	$2 \cdot 3$	
7		7
8	2^3	
9	3^2	
10	$2 \cdot 5$	
11		11
12	$2^2 \cdot 3$	
13		13
14	$2 \cdot 7$	
15	$3 \cdot 5$	
16	2^4	
17		17
18	$2 \cdot 3^2$	
19		19
20	$2^2 \cdot 5$	
21	$3 \cdot 7$	
22	$2 \cdot 11$	
23		23
24	$2^3 \cdot 3$	
25	5^2	
26	$2 \cdot 13$	
27	3^3	
28	$2^2 \cdot 7$	
29		29
30	$2 \cdot 3 \cdot 5$	
31		31
32	2^5	
33	$3 \cdot 11$	
34	$2 \cdot 17$	
35	$5 \cdot 7$	
36	$2^2 \cdot 3^2$	
37		37
38	$2 \cdot 19$	
39	$3 \cdot 13$	
40	$2^3 \cdot 5$	
41		41
42	$2 \cdot 3 \cdot 7$	
43		43
44	$2^2 \cdot 11$	
45	$3^2 \cdot 5$	
46	$2 \cdot 23$	
47		47
48	$2^4 \cdot 3$	
49	7^2	
50	$2 \cdot 5^2$	

50	$2 \cdot 5^2$	
51	$3 \cdot 17$	
52	$2^2 \cdot 13$	
53		53
54	$2 \cdot 3^3$	
55	$5 \cdot 11$	
56	$2^3 \cdot 7$	
57	$3 \cdot 19$	
58	$2 \cdot 29$	
59		59
60	$2^2 \cdot 3 \cdot 5$	
61		61
62	$2 \cdot 31$	
63	$3^2 \cdot 7$	
64	2^6	
65	$5 \cdot 13$	
66	$2 \cdot 3 \cdot 11$	
67		67
68	$2^2 \cdot 17$	
69	$3 \cdot 23$	
70	$2 \cdot 5 \cdot 7$	
71		71
72	$2^3 \cdot 3^2$	
73		73
74	$2 \cdot 37$	
75	$3 \cdot 5^2$	
76	$2^2 \cdot 19$	
77	$7 \cdot 11$	
78	$2 \cdot 3 \cdot 13$	
79		79
80	$2^4 \cdot 5$	
81	3^4	
82	$2 \cdot 41$	
83		83
84	$2^2 \cdot 3 \cdot 7$	
85	$5 \cdot 17$	
86	$2 \cdot 43$	
87	$3 \cdot 29$	
88	$2^3 \cdot 11$	
89		89
90	$2 \cdot 3^2 \cdot 5$	
91	$7 \cdot 13$	
92	$2^2 \cdot 23$	
93	$3 \cdot 31$	
94	$2 \cdot 47$	
95	$5 \cdot 19$	
96	$2^5 \cdot 3$	
97		97
98	$2 \cdot 7^2$	
99	$3^2 \cdot 11$	
100	$2^2 \cdot 5^2$	

100	$2^2 \cdot 5^2$	
101		101
102	$2 \cdot 3 \cdot 17$	
103		103
104	$2^3 \cdot 13$	
105	$3 \cdot 5 \cdot 7$	
106	$2 \cdot 53$	
107		107
108	$2^2 \cdot 3^3$	
109		109
110	$2 \cdot 5 \cdot 11$	
111	$3 \cdot 37$	
112	$2^4 \cdot 7$	
113		113
114	$2 \cdot 3 \cdot 19$	
115	$5 \cdot 23$	
116	$2^2 \cdot 29$	
117	$3^2 \cdot 13$	
118	$2 \cdot 59$	
119	$7 \cdot 17$	
120	$2^3 \cdot 3 \cdot 5$	
121	11^2	
122	$2 \cdot 61$	
123	$3 \cdot 41$	
124	$2^2 \cdot 31$	
125	5^3	
126	$2 \cdot 3^2 \cdot 7$	
127		127
128	2^7	
129	$3 \cdot 43$	
130	$2 \cdot 5 \cdot 13$	
131		131
132	$2^2 \cdot 3 \cdot 11$	
133	$7 \cdot 19$	
134	$2 \cdot 67$	
135	$3^3 \cdot 5$	
136	$2^3 \cdot 17$	
137		137
138	$2 \cdot 3 \cdot 23$	
139		139
140	$2^2 \cdot 5 \cdot 7$	
141	$3 \cdot 47$	
142	$2 \cdot 71$	
143	$11 \cdot 13$	
144	$2^4 \cdot 3^2$	
145	$5 \cdot 29$	
146	$2 \cdot 73$	
147	$3 \cdot 7^2$	
148	$2^2 \cdot 37$	
149		149
150	$2 \cdot 3 \cdot 5^2$	

450	$2 \cdot 3^2 \cdot 5^2$	
451	$11 \cdot 41$	
452	$2^2 \cdot 113$	
453	$3 \cdot 151$	
454	$2 \cdot 227$	
455	$5 \cdot 7 \cdot 13$	
456	$2^3 \cdot 3 \cdot 19$	
457		457
458	$2 \cdot 229$	
459	$3^3 \cdot 17$	
460	$2^2 \cdot 5 \cdot 23$	
461		461
462	$2 \cdot 3 \cdot 7 \cdot 11$	
463		463
464	$2^4 \cdot 29$	
465	$3 \cdot 5 \cdot 31$	
466	$2 \cdot 233$	
467		467
468	$2^2 \cdot 3^2 \cdot 13$	
469	$7 \cdot 67$	
470	$2 \cdot 5 \cdot 47$	
471	$3 \cdot 157$	
472	$2^3 \cdot 59$	
473	$11 \cdot 43$	
474	$2 \cdot 3 \cdot 79$	
475	$5^2 \cdot 19$	
476	$2^2 \cdot 7 \cdot 17$	
477	$3^2 \cdot 53$	
478	$2 \cdot 239$	
479		479
480	$2^5 \cdot 3 \cdot 5$	
481	$13 \cdot 37$	
482	$2 \cdot 241$	
483	$3 \cdot 7 \cdot 23$	
484	$2^2 \cdot 11^2$	
485	$5 \cdot 97$	
486	$2 \cdot 3^5$	
487		**487**
488	$2^3 \cdot 61$	
489	$3 \cdot 163$	
490	$2 \cdot 5 \cdot 7^2$	
491		**491**
492	$2^2 \cdot 3 \cdot 41$	
493	$17 \cdot 29$	
494	$2 \cdot 13 \cdot 19$	
495	$3^2 \cdot 5 \cdot 11$	
496	$2^4 \cdot 31$	
497	$7 \cdot 71$	
498	$2 \cdot 3 \cdot 83$	
499		**499**
500	$2^2 \cdot 5^3$	
500	$2^2 \cdot 5^3$	
501	$3 \cdot 167$	
502	$2 \cdot 251$	
503		503
504	$2^3 \cdot 3^2 \cdot 7$	
505	$5 \cdot 101$	
506	$2 \cdot 11 \cdot 23$	
507	$3 \cdot 13^2$	
508	$2^2 \cdot 127$	
509		509
510	$2 \cdot 3 \cdot 5 \cdot 17$	
511	$7 \cdot 73$	
512	2^9	
513	$3^3 \cdot 19$	
514	$2 \cdot 257$	
515	$5 \cdot 103$	
516	$2^2 \cdot 3 \cdot 43$	
517	$11 \cdot 47$	
518	$2 \cdot 7 \cdot 37$	
519	$3 \cdot 173$	
520	$2^3 \cdot 5 \cdot 13$	
521		521
522	$2 \cdot 3^2 \cdot 29$	
523		523
524	$2^2 \cdot 131$	
525	$3 \cdot 5^2 \cdot 7$	
526	$2 \cdot 263$	
527	$17 \cdot 31$	
528	$2^4 \cdot 3 \cdot 11$	
529	23^2	
530	$2 \cdot 5 \cdot 53$	
531	$3^2 \cdot 59$	
532	$2^2 \cdot 7 \cdot 19$	
533	$13 \cdot 41$	
534	$2 \cdot 3 \cdot 89$	
535	$5 \cdot 107$	
536	$2^3 \cdot 67$	
537	$3 \cdot 179$	
538	$2 \cdot 269$	
539	$7^2 \cdot 11$	
540	$2^2 \cdot 3^3 \cdot 5$	
541		541
542	$2 \cdot 271$	
543	$3 \cdot 181$	
544	$2^5 \cdot 17$	
545	$5 \cdot 109$	
546	$2 \cdot 3 \cdot 7 \cdot 13$	
547		547
548	$2^2 \cdot 137$	
549	$3^2 \cdot 61$	
550	$2 \cdot 5^2 \cdot 11$	
550	$2 \cdot 5^2 \cdot 11$	
551	$19 \cdot 29$	
552	$2^3 \cdot 3 \cdot 23$	
553	$7 \cdot 79$	
554	$2 \cdot 277$	
555	$3 \cdot 5 \cdot 37$	
556	$2^2 \cdot 139$	
557		557
558	$2 \cdot 3^2 \cdot 31$	
559	$13 \cdot 43$	
560	$2^4 \cdot 5 \cdot 7$	
561	$3 \cdot 11 \cdot 17$	
562	$2 \cdot 281$	
563		563
564	$2^2 \cdot 3 \cdot 47$	
565	$5 \cdot 113$	
566	$2 \cdot 283$	
567	$3^4 \cdot 7$	
568	$2^3 \cdot 71$	
569		569
570	$2 \cdot 3 \cdot 5 \cdot 19$	
571		571
572	$2^2 \cdot 11 \cdot 13$	
573	$3 \cdot 191$	
574	$2 \cdot 7 \cdot 41$	
575	$5^2 \cdot 23$	
576	$2^6 \cdot 3^2$	
577		577
578	$2 \cdot 17^2$	
579	$3 \cdot 193$	
580	$2^2 \cdot 5 \cdot 29$	
581	$7 \cdot 83$	
582	$2 \cdot 3 \cdot 97$	
583	$11 \cdot 53$	
584	$2^3 \cdot 73$	
585	$3^2 \cdot 5 \cdot 13$	
586	$2 \cdot 293$	
587		587
588	$2^2 \cdot 3 \cdot 7^2$	
589	$19 \cdot 31$	
590	$2 \cdot 5 \cdot 59$	
591	$3 \cdot 197$	
592	$2^4 \cdot 37$	
593		593
594	$2 \cdot 3^3 \cdot 11$	
595	$5 \cdot 7 \cdot 17$	
596	$2^2 \cdot 149$	
597	$3 \cdot 199$	
598	$2 \cdot 13 \cdot 23$	
599		599
600	$2^3 \cdot 3 \cdot 5^2$	

Inverse, carré, cube, racines*

La table donne l'arrondi au dix-millième.

* $\sqrt{n}$ désigne le nombre positif dont le carré est le nombre positif n.
$\sqrt[3]{n}$ désigne le nombre dont le cube est n.

n	$\frac{1}{n}$	n^2	n^3	$\sqrt{n}$	$\sqrt[3]{n}$	n
1	1	1	1	1	1	1
2	0,5	4	8	1,4142	1,2599	2
3	0,3333	9	27	1,7321	4422	3
4	0,25	16	64	2	5874	4
5	0,2	25	125	2,2361	7100	5
6	0,1667	36	216	4495	8171	6
7	0,1429	49	343	6458	9129	7
8	0,125	64	512	8284	2	8
9	0,1111	81	729	3	2,0801	9
10	0,1	100	1 000	3,1623	1544	10
11	0,0909	121	1 331	3,3166	2,2240	11
2	833	144	1 728	4641	2894	2
3	769	169	2 197	6056	3513	3
4	714	196	2 744	7417	4101	4
5	667	225	3 375	8730	4662	5
6	625	256	4 096	4	5198	6
7	588	289	4 913	4,1231	5713	7
8	556	324	5 832	2426	6207	8
9	526	361	6 859	3589	6684	9
20	0,05	400	8 000	4721	7144	20
21	0,0476	441	9 261	4,5826	2,7589	21
2	55	484	10 648	6904	8020	2
3	35	529	12 167	7958	8439	3
4	17	576	13 824	8990	8845	4
5	00	625	15 625	5	9240	5
6	0,0385	676	17 576	5,0990	9625	6
7	70	729	19 683	1962	3	7
8	57	784	21 952	2915	3,0366	8
9	45	841	24 389	3852	0723	9
30	33	900	27 000	4772	1072	30
31	0,0323	961	29 791	5,5678	3,1414	31
2	13	1 024	32 768	6569	1748	2
3	03	089	35 937	7446	2075	3
4	0,0294	156	39 304	8310	2396	4
5	86	225	42 875	9161	2711	5
6	78	296	46 656	6	3019	6
7	70	369	50 653	6,0828	3322	7
8	63	444	54 872	1644	3620	8
9	56	521	59 319	2450	3912	9
40	50	600	64 000	3246	4200	40
41	0,0244	1 681	68 921	6,4031	3,4482	41
2	38	764	74 088	4807	4760	2
3	33	849	79 507	5574	5034	3
4	27	936	85 184	6332	5303	4
5	22	2 025	91 125	7082	5569	5
6	17	116	97 336	7823	5830	6
7	13	209	103 823	8557	6088	7
8	08	304	110 592	9282	6342	8
9	04	401	117 649	7	6593	9
50	0,02	2 500	125 000	7,0711	3,6840	50

n	$\frac{1}{n}$	n^2	n^3	$\sqrt{n}$	$\sqrt[3]{n}$	n
51	0,0196	2 601	132 651	7,1414	3,7084	51
2	92	704	40 608	2111	325	2
3	89	809	48 877	2801	563	3
4	85	916	57 464	3485	798	4
5	82	3 025	66 375	4162	3,8030	5
6	79	136	75 616	4833	259	6
7	75	249	85 193	5498	485	7
8	72	364	95 112	6158	709	8
9	69	481	205 379	6811	930	9
60	67	600	16 000	7460	3,9149	60
61	0,0164	3 721	226 981	7,8102	3,9365	61
2	61	844	38 328	8740	579	2
3	59	969	50 047	9373	791	3
4	56	4 096	62 144	8	4	4
5	54	225	74 625	8,0623	4,0207	5
6	52	356	87 496	1240	412	6
7	49	489	300 763	1854	615	7
8	47	624	14 432	2462	817	8
9	45	761	28 509	3066	4,1016	9
70	43	900	43 000	3666	213	70
71	0,0141	5 041	357 911	8,4261	4,1408	71
2	39	184	73 248	4853	602	2
3	37	329	89 017	5440	793	3
4	35	476	405 224	6023	983	4
5	33	625	21 875	6603	4,2172	5
6	32	776	38 976	7178	358	6
7	30	929	56 533	7750	543	7
8	28	6 084	74 552	8318	727	8
9	27	241	93 039	8882	908	9
80	25	400	512 000	9443	4,3089	80
81	0,0123	6 561	531 441	9	4,3267	81
2	22	724	51 368	9,0554	445	2
3	20	889	71 787	1104	621	3
4	19	7 056	92 704	1652	795	4
5	18	225	614 125	2195	968	5
6	16	396	36 056	2736	4,4140	6
7	15	569	58 503	3274	310	7
8	14	744	81 472	3808	480	8
9	12	921	704 969	4340	647	9
90	11	8 100	729 000	4868	814	90
91	0,0110	8 281	753 571	9,5394	4,4979	91
2	09	464	78 688	5917	4,5144	2
3	8	649	804 357	6437	307	3
4	6	836	30 584	6954	468	4
5	5	9 025	57 375	7468	629	5
6	4	216	84 736	7980	789	6
7	3	409	912 673	8489	947	7
8	2	604	41 192	8995	4,6104	8
9	1	801	70 299	9499	261	9
100	0,01	10 000	1 000 000	10	416	100

Table trigonométrique en radians

La table donne l'arrondi au millième.

rad	sin	cos	tan	cot	rad	sin	cos	tan	cot
0,01	0,010	1,000	0,010	99,997	0,41	0,399	0,917	0,435	2,301
0,02	0,020	1,000	0,020	49,993	0,42	0,408	0,913	0,447	2,239
0,03	0,030	1,000	0,030	33,323	0,43	0,417	0,909	0,459	2,180
0,04	0,040	0,999	0,040	24,987	0,44	0,426	0,905	0,471	2,124
0,05	0,050	0,999	0,050	19,983	0,45	0,435	0,900	0,483	2,070
0,06	0,060	0,998	0,060	16,647	0,46	0,444	0,896	0,495	2,018
0,07	0,070	0,998	0,070	14,262	0,47	0,453	0,892	0,508	1,969
0,08	0,080	0,997	0,080	12,473	0,48	0,462	0,887	0,521	1,921
0,09	0,090	0,996	0,090	11,081	0,49	0,471	0,882	0,533	1,875
0,10	0,100	0,995	0,100	9,967	0,50	0,479	0,878	0,546	1,830
0,11	0,110	0,994	0,110	9,054	0,51	0,488	0,873	0,559	1,788
0,12	0,120	0,993	0,121	8,293	0,52	0,497	0,868	0,573	1,747
0,13	0,130	0,992	0,131	7,649	0,53	0,506	0,863	0,586	1,707
0,14	0,140	0,990	0,141	7,096	0,54	0,514	0,858	0,599	1,668
0,15	0,149	0,989	0,151	6,617	0,55	0,523	0,853	0,613	1,631
0,16	0,159	0,987	0,161	6,197	0,56	0,531	0,847	0,627	1,595
0,17	0,169	0,986	0,172	5,826	0,57	0,540	0,842	0,641	1,560
0,18	0,179	0,984	0,182	5,495	0,58	0,548	0,836	0,655	1,526
0,19	0,189	0,982	0,192	5,200	0,59	0,556	0,831	0,670	1,494
0,20	0,199	0,980	0,203	4,933	0,60	0,565	0,825	0,684	1,462
0,21	0,208	0,978	0,213	4,692	0,61	0,573	0,820	0,699	1,431
0,22	0,218	0,976	0,223	4,472	0,62	0,581	0,814	0,714	1,401
0,23	0,228	0,974	0,234	4,271	0,63	0,589	0,808	0,729	1,372
0,24	0,238	0,971	0,245	4,086	0,64	0,597	0,802	0,745	1,343
0,25	0,247	0,969	0,255	3,916	0,65	0,605	0,796	0,760	1,315
0,26	0,257	0,966	0,266	3,759	0,66	0,613	0,790	0,776	1,288
0,27	0,267	0,964	0,277	3,613	0,67	0,621	0,784	0,792	1,262
0,28	0,276	0,961	0,288	3,478	0,68	0,629	0,778	0,809	1,237
0,29	0,286	0,958	0,298	3,351	0,69	0,637	0,771	0,825	1,212
0,30	0,296	0,955	0,309	3,233	0,70	0,644	0,765	0,842	1,187
0,31	0,305	0,952	0,320	3,122	0,71	0,652	0,758	0,860	1,163
0,32	0,315	0,949	0,331	3,018	0,72	0,659	0,752	0,877	1,140
0,33	0,324	0,946	0,343	2,920	0,73	0,667	0,745	0,895	1,117
0,34	0,333	0,943	0,354	2,827	0,74	0,674	0,738	0,913	1,095
0,35	0,343	0,939	0,365	2,740	0,75	0,682	0,732	0,932	1,073
0,36	0,352	0,936	0,376	2,657	0,76	0,689	0,725	0,950	1,052
0,37	0,362	0,932	0,388	2,578	0,77	0,696	0,718	0,970	1,031
0,38	0,371	0,929	0,399	2,504	0,78	0,703	0,711	0,989	1,011
0,39	0,380	0,925	0,411	2,433	0,79	0,710	0,704	1,009	0,991
0,40	0,389	0,921	0,423	2,365	0,80	0,717	0,697	1,030	0,971

Table trigonométrique en grades

La table donne l'arrondi au millième.

gr	sin	cos	tan	cot	
1	0,016	1,000	0,016	63,657	99
2	0,031	1,000	0,031	31,821	98
3	0,047	0,999	0,047	21,205	97
4	0,063	0,998	0,063	15,895	96
5	0,078	0,997	0,079	12,706	95
6	0,094	0,996	0,095	10,579	94
7	0,110	0,994	0,110	9,058	93
8	0,125	0,992	0,126	7,916	92
9	0,141	0,990	0,142	7,026	91
10	0,156	0,988	0,158	6,314	90
11	0,172	0,985	0,175	5,730	89
12	0,187	0,982	0,191	5,242	88
13	0,203	0,979	0,207	4,829	87
14	0,218	0,976	0,224	4,474	86
15	0,233	0,972	0,240	4,165	85
16	0,249	0,969	0,257	3,895	84
17	0,264	0,965	0,274	3,655	83
18	0,279	0,960	0,291	3,442	82
19	0,294	0,956	0,308	3,251	81
20	0,309	0,951	0,325	3,078	80
21	0,324	0,946	0,342	2,921	79
22	0,339	0,941	0,360	2,778	78
23	0,353	0,935	0,378	2,646	77
24	0,368	0,930	0,396	2,526	76
25	0,383	0,924	0,414	2,414	75
26	0,397	0,918	0,433	2,311	74
27	0,412	0,911	0,452	2,215	73
28	0,426	0,905	0,471	2,125	72
29	0,440	0,898	0,490	2,041	71
30	0,454	0,891	0,510	1,963	70
31	0,468	0,884	0,529	1,889	69
32	0,482	0,876	0,550	1,819	68
33	0,495	0,869	0,570	1,753	67
34	0,509	0,861	0,591	1,691	66
35	0,522	0,853	0,613	1,632	65
36	0,536	0,844	0,635	1,576	64
37	0,549	0,836	0,657	1,522	63
38	0,562	0,827	0,680	1,471	62
39	0,575	0,818	0,703	1,423	61
40	0,588	0,809	0,727	1,376	60
41	0,600	0,800	0,751	1,332	59
42	0,613	0,790	0,776	1,289	58
43	0,625	0,780	0,801	1,248	57
44	0,637	0,771	0,827	1,209	56
45	0,649	0,760	0,854	1,171	55
46	0,661	0,750	0,882	1,134	54
47	0,673	0,740	0,910	1,099	53
48	0,685	0,729	0,939	1,065	52
49	0,696	0,718	0,969	1,032	51
50	0,707	0,707	1,000	1,000	50
	cos	sin	cot	tan	gr

INDEX

Imprimé en France — IMPRIMERIE HÉRISSEY, Évreux (Eure) — N° 52612
Dépôt légal : N° 9882-10-1990 — Collection N° 09 — Édition N° 06

16/5515/8